Band 21 · Februar 1985 **2**

isotopenpraxis

AKADEMIE-VERLAG

ISSN 0021-1915 Isotopenpraxis, Berlin 21 (1985) 2, 37–76

EVP 9,– M

ISOTOPENPRAXIS

herausgegeben von J. Mühlenpfordt, Berlin

An unsere Autoren

Die Zeitschrift veröffentlicht Beiträge zu folgenden Themen: Kontrolle und Analyse radioaktiver und stabiler Isotope, Anwendung radioaktiver und stabiler Isotope in allen Gebieten der Forschung und Technik, der Industrie, Landwirtschaft und Medizin, Herstellung radioaktiver und stabiler Isotope sowie von markierten Verbindungen, kernelektronische Geräte für die Isotopenanwendung (Dickenmesser, Dichtemesser u. ä.) Detektoren für isotopentechnische Arbeiten und den Strahlenschutz in Isotopenlaboratorien, Meßtechnik und Strahlenschutz, Dosimetrie in Isotopenlaboratorien, kerntechnische Geräte für die Isotopenanwendung (Beton, Bestrahlungsanlagen u. ä.), Strahlenchemie, Radiochemie, ökonomische und perspektivische Fragen, Fragen der Weiterbildung.

1. Aufnahme von Manuskripten

Zur Veröffentlichung angenommen werden nur druckreife, noch nicht anderweitig publizierte Beiträge in deutscher, englischer oder russischer Sprache zum Themenbereich der Zeitschrift und zwar

- Originalarbeiten
- Kurze Mitteilungen
- Aus der Praxis
- Zusammenfassende Berichte
- Tagungsberichte
- Informationen.

Sind der Beitrag oder Teile daraus bereits veröffentlicht oder ist eine anderweitige Veröffentlichung vorgesehen, so muß dies der Redaktion mit genauer Angabe der Zweitveröffentlichung mitgeteilt werden. Mit der Annahme des Manuskriptes behält sich der Verlag das Recht der Vervielfältigung, Verbreitung und Übersetzung innerhalb der gesetzlichen Schutzfrist vor. Auszugsweiser Nachdruck oder photomechanische u. a. Wiedergabe sind an eine schriftliche Genehmigung des Verlages gebunden. Manuskripte, Zeichnungen und Photos von veröffentlichten Arbeiten werden nur auf den besonderen und bis zum Zeitpunkt der Veröffentlichung mitgeteilten Wunsch des Autors zurückgesandt.
Bei der unverlangten Einreichung von Manuskripten wird empfohlen, eine Befürwortung eines der Herausgeber oder Redaktionsausschußmitglieder beizufügen.
Manuskripte sind einzureichen bei der Redaktion, 1086 Berlin, Leipziger Str. 3–4.

2. Form der Manuskripte

Die Autoren werden gebeten:
2 Manuskripte, eines davon in Original-Maschinenschrift, einseitig und mit 2zeiligem Abstand einzureichen; gut leserliche Photokopien sind zulässig; auf dem 1. Blatt (unter Weglassung der Bezeichnung)
- den Titel der Arbeit
- Vorname-Initialen und Namen sämtlicher Autoren
- gegebenenfalls die Institution, in der sie tätig sind
- eine kurze Zusammenfassung der Arbeit von höchstens 15 Zeilen
- Keywords in alphabetischer Reihenfolge und
- als Fußnote die Anschrift der Institution anzugeben;

wenn möglich, auf gesonderten Blättern Namen, Titel der Arbeit und Zusammenfassung in den beiden anderen obengenannten Sprachen 2fach beizufügen;
Literaturhinweise (fortlaufend numeriert), Fußnoten, Tabellen, Abbildungen (in 2–3facher Veröffentlichungsgröße), Abbildungsunterschriften (getrennt von den Abbildungen mit Zeichenerklärungen, Quellenangaben, falls erforderlich, und gegebenenfalls mit einem Vermerk für besondere Wünsche bezüglich der Abbildungsgröße), private und Dienstanschrift der Verfasser mit akademischen Titeln und ausgeschriebenen Vornamen auf besonderen Blättern ans Ende des Manuskriptes zu stellen;
Wünsche für den Kolumnentitel (Seitenüberschrift) bekanntzugeben;
Absätze durch Einzüge von mindestens 3 Anschlägen kenntlich zu machen; die Maßeinheiten des SI-Systems („Systeme International") zu verwenden; Korrekturen im Manuskript unmittelbar an der zu korrigierenden Stelle anzubringen;
Formeln deutlich lesbar und möglichst groß einzutragen;
Farbabbildungen und nachträgliche Änderungen oder Ergänzungen in Abbildungen zu vermeiden;
hervorzuhebende Textstellen zu unterstreichen, und zwar halbfetten Satz mit einer geraden schwarzen Linie, kursiven Satz (Schrägschrift) mit einer blauen Wellenlinie (alle Eigennamen). Sperrungen gestrichelt;
besondere Buchstaben durch farbige Unterstreichung zu kennzeichnen, und zwar Formelzeichen in

- Griechisch-Kursiv (α, β, ...) rot,
- Kursiv (A, B, ...) blau
- halbfetter Kursiv ($\boldsymbol{A}$, $\boldsymbol{B}$, ...) 2 Linien blau (Vektoren),
- halbfetter Grotesk (**A**, **B**, ...) 2 Linien violett (Tensoren);

bei Literaturangaben auf Vollständigkeit zu achten. In nachstehender Reihenfolge müssen angegeben sein:

a) bei *Zeitschriften*: Vorname-Initialen und Namen sämtlicher Autoren, Titel der Zeitschrift (nach „Periodica Chimica" oder möglichst wenig gekürzt), Bandnummer (unterstrichen), Jahreszahl (in Klammern) Heftnummer (nur bei Zeitschriften, die jedes Heft mit S. 1 beginnen) sowie die Seitenzahl, auf der die zitierte Arbeit beginnt.

b) bei *Büchern*: Initialen der Vornamen und Name des Autors (Herausgeber werden durch den Zusatz „ed." gekennzeichnet), voll ausgeschriebener Titel des Buches in der Originalsprache, evtl. Bandnummer, voll ausgeschriebener Name des Verlages, Nummer der Auflage (außer der ersten), Erscheinungsort(e), Erscheinungsjahr (hier nicht in Klammern setzen!) und evtl. Kapitelnummer, Seitenzahl u. ä.

c) bei *Sammelbänden, Tagungsberichten*: Es soll zusätzlich der Titel des zitierten Beitrags angegeben werden. Die Seitenzahl muß unbedingt angegeben werden. Aus dem Zitat muß hervorgehen, ob es sich um einen Tagungssammelband oder um einen noch nicht veröffentlichten Vortrag handelt. Zwischen Tagungsort und Erscheinungsort des entsprechenden Tagungsberichts ist zu unterscheiden.

3. Korrekturen

Der Autor erhält zwei Umbruchabzüge, von denen einer möglichst schnell korrigiert an die Redaktion zurückgereicht werden soll. Auf Wunsch des Autors kann die Korrektur auch von der Redaktion gelesen werden.
Durch nachträgliche Manuskriptänderungen verursachte Korrekturkosten gehen, sofern sie 10% der Satzkosten übersteigen, zu Lasten des Autors.
Der Autor erhält 50 Sonderdrucke kostenlos. Weitere Sonderdrucke können bis zur Rückgabe der Korrekturabzüge auf Kosten des Autors bei der Redaktion bestellt werden.

Bezugsmöglichkeiten

Bestellungen sind zu richten
- **in der DDR** an den Postzeitungsvertrieb unter Angabe der Kundennummer des Bestellenden oder an den AKADEMIE-VERLAG, DDR-1086 Berlin, Leipziger Straße 3–4, PF-Nr. 1233;
- **im sozialistischen Ausland** an eine Buchhandlung für fremdsprachige Literatur oder an den zuständigen Postzeitungsvertrieb;
- **in der BRD und Berlin(West)** an eine Buchhandlung oder an die Auslieferungsstelle KUNST UND WISSEN, Erich Bieber OHG, Wilhelmstraße 4–6, D-7000 Stuttgart 1;
- **in den übrigen westeuropäischen Ländern** an eine Buchhandlung oder an die Auslieferungsstelle KUNST UND WISSEN, Erich Bieber GmbH, Dufourstraße 51, CH-8008 Zürich;
- **im übrigen Ausland** an den Internationalen Buch- und Zeitschriftenhandel; den Buchexport Volkseigener Außenhandelsbetrieb der Deutschen Demokratischen Republik, DDR-7010 Leipzig, Postfach 160; oder an den AKADEMIE-VERLAG, DDR-108 Berlin, Leipziger Straße 3–4.

Zeitschrift „Isotopenpraxis"

Herausgeber: Im Auftrag des Akademie-Verlages herausgegeben von Prof. Dr. Justus Mühlenpfordt.
Verlag: Akademie-Verlag, DDR-1086 Berlin, Leipziger Straße 3–4, PF-Nr. 1233; Fernruf: 2236221 oder 2236229; Telex-Nr.: 114420;
Bank: Staatsbank der DDR, Berlin, Kto.-Nr.: 6836-26-20712.
Verantwortlich für den Inhalt des Heftes: Prof. Dr. H. Hübner, Leipzig.
Anschrift der Redaktion (Fernruf Frau H. Schier: 6351177) der Zeitschrift Isotopenpraxis: Akademie-Verlag, DDR-1086 Berlin, Leipziger Str. 3–4, PF-Nr. 1233
Veröffentlicht unter der Lizenznummer 1527 des Presseamtes beim Vorsitzenden des Ministerrates der Deutschen Demokratischen Republik.
Gesamtherstellung: VEB Druckerei „Thomas Müntzer", DDR-5820 Bad Langensalza.
Erscheinungsweise: Die Zeitschrift „Isotopenpraxis" erscheint monatlich. Die 12 Hefte eines Jahrganges bilden einen Band. Bezugspreis je Band 240,– M zuzüglich Versandspesen; Preis je Heft 20,– M.
Bestellnummer dieses Heftes: 1079/21/2.

AN (EDV) 12831

Isotopenpraxis 21 (1985) 2, S. 37 bis 45

Berührungslose Schichtdickenmessung an ummantelten Drähten

E. Frevert

(Institut für Isotopenanwendung, Forschungszentrum Seibersdorf)[1]

Es wurde ein Meß- und Auswerteverfahren entwickelt, mit dem die Schichtdicke von ummantelten Drähten schnell und berührungsfrei bestimmt werden kann. Als geeignetstes Meßverfahren wurde in Vorversuchen die β-Rückstreumethode ermittelt. Mit einem dafür entwickelten Meßkopf wurden 20 Drahtproben an jeweils 4 um 90° versetzten Stellen ausgemessen und die entsprechenden Schichtdicken sowie die Maxima und Minima berechnet. Der Vergleich mit den auf bisher übliche Weise mit dem Mikroskop gemessenen Werten ergab eine praktische vollkommene Übereinstimmung. Die Meßgenauigkeit ist besser als ±0,01 mm. Die Untersuchungszeit mit Angabe der maximalen und minimalen Schichtdicke kann weniger als 1 Minute betragen. Ebenso kann das Gerät für on-line-Messungen direkt an Zieh- oder Beschichtungsmaschinen verwendet werden. Ein Vorschlag für eine berührungslose Mesung des Gesamtdurchmessers der Drähte wird gemacht.

A measuring and evaluation method was developed to make a rapid and non-contacting gauging of the coat-thickness of covered wires. It is described with the aid of aluminium coated steel wires. In preliminary tests the β-backscattering principle was found as the best measuring method. With a gauging head developed for this prupose 20 probes were measured on 4 positions each staggered at 90° and the coat-thickness as well as the maxima and minima were calculated. A comparison with those values measured on conventional mode with a microscope showed a perfect consistency. The accuracy is better than ±0·01 mm. The time of investigation can be less than 1 minute and the apparatus can also be used for on-line gauging direct on drawing or coating plants. A proposal for a non-contacting measuring of the total diameter of the wires is made.

Keywords

backscattering; coatings; nondestructive testing; thickness gages; wires

1. Einleitung

Die Leiterseile für elektrische Freileitungen werden aus aluminiumummantelten Stahldrähten (Stalum) hergestellt. An ihre Abmessungen und Kennwerte werden besondere Anforderungen gestellt, die nach der ÖNORM E4031 festgelegt sind. So muß u. a. die Schichtdicke des Aluminiummantels mindestens 5% des Drahtdurchmessers betragen. Die bisher praktizierte Kontrollmethode ist jedoch recht aufwendig und zeitraubend. Kleine Drahtstücke werden in Kunstharz gebettet und dieser im Ofen ausgehärtet. Anschließend wird ein Schliff hergestellt und danach im Mikroskop die Aluminiumschichtdicke ausgemessen. In der vorliegenden Arbeit soll nun eine Methode beschrieben werden, die eine einfache, schnelle und berührungsfreie Messung der Aluminiumschichten ermöglicht.*)

2. Meßprinzip

Schichtdickenmessungen aller Art mit Hilfe radioaktiver Strahlung werden schon seit langem durchgeführt. Es gibt im wesentlichen 2 verschiedene Methoden. Bei der einen werden im Schichtmaterial oder im Untergrund die charakteristischen Röntgenstrahlen der in den Materialien befindlichen Elemente durch eine Strahlenquelle angeregt (Röntgenfluoreszenz). Die Intensität der Strahlung kann als Maß für die Schichtdicke herangezogen werden. Bei der anderen Methode dient die von dem beschichteten Material reflektierte Strahlung als Maß für die Schichtdicke (Rückstreumethode). Denn die Intensität der rückgestreuten Strahlung hängt einerseits von der Art und der Energie der Strahlung ab und andererseits sowohl von den Ordnungszahlen der Elemente, die sich im Schicht- und Untergrundmaterial befinden, als auch von den betreffenden Schichtdicken. Für eine bestimmte Strahlungsart nimmt sie bei steigender Materialstärke zu, bis bei der Sättigungsschichtdicke ein Sättigungswert erreicht ist. Für das vorliegende Problem der Messung der Schichtdicke von aluminiumummantelten Stahldrähten konnte die Röntgenfluoreszenzmethode nicht angewendet werden, da die charakteristische K-Röntgenstrahlung von Aluminium nur mit komplizierten Detektoren meßbar ist und die charakteristische K-Röntgenstrahlung von Eisen bereits durch wenige Zehntel Millimeter vollständig absorbiert wird. Es mußte deshalb versucht werden, mit der Rückstreumethode eine Lösungsmöglichkeit zu finden.

3. Aufbau des Meßkopfes

Bei sämtlichen Rückstreumessungen ist die genaueste Einhaltung der Meßgeometrie von entscheidender Bedeutung. Der Meßkopf muß also so konstruiert werden, daß eine exakte Führung des Drahtes unabhängig von seinem Durchmesser möglich ist und daß der Abstand zwischen dem äußersten Punkt des Drahtes und den Detektoren bzw. der Strahlenquelle für alle Drahtdurchmesser konstant bleibt. Mit diesen Vorausbedingungen wurde der in Abb. 1 gezeigte Meßkopf hergestellt. Zwei Walzen sorgen für den gleichbleibenden Abstand. Die Führung des Drahtes geschieht durch zwei eingekerbte Rollen, die mittels zweier Federn den Draht an die Walzen pressen. Als Detektoren wurden bei den Laborversuchen zwei *Geiger-*

[1]) Anschrift: Lenaugasse 10, A-1082 Wien
*) Zum Patent angemeldet

Müller-Zählrohre verwendet. In der Praxis werden sie wegen der relativ großen Totzeit gegen Plastikszintillatoren (9 ∅ × 2 mm) mit Miniaturphotomultipliern der Type HAMAMATSU R 1653 (9,5 ∅ × 56 mm) ausgetauscht.

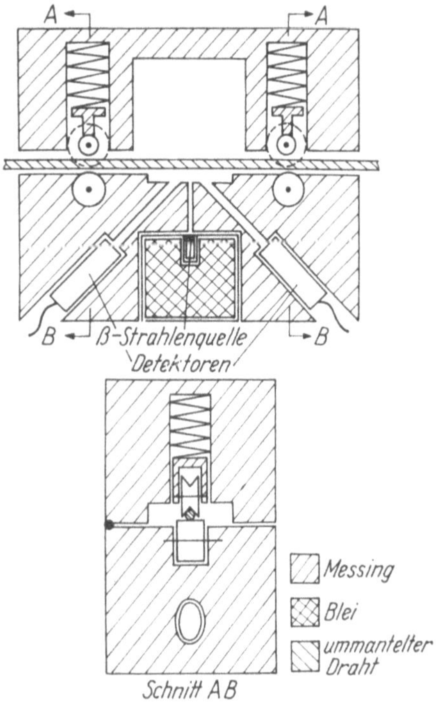

Abb. 1. Schematische Darstellung des Meßkopfes

Als Strahlungsquelle wurde eine 1-mCi-^{90}Sr-Punktquelle verwendet (2 ∅ × 10 mm). Sie befindet sich in einem herausnehmbaren Abschirmbehälter, der aus einem bleigefüllten Messingzylinder mit den Maßen 35 × 30 mm und 1 mm Wandstärke besteht. Diese Werte haben sich einerseits aus den Gesamtdimensionen des Meßkopfes und andererseits aus Absorptionsmessungen der ^{90}Sr-β- und -Bremsstrahlung als optimale Abschirmung der Detektoren ergeben. Die Kollimatoröffnung zur Strahlenquelle beträgt ∅ = 1 mm, die zu den Detektoren ∅ = 4 mm. Der Oberteil des Meßkopfes ist für die Einführung des Drahtes aufklappbar.

4. Kalibrierung der Meßapparatur

Eines der Hauptprobleme bei der Entwicklung einer neuartigen Meßapparatur ist die Kalibrierung, d. h. die Zuordnung der gemessenen Größen zu den gewünschten Werten. Im vorliegenden Fall mußte also jeder gemessenen Zählrate eindeutig eine Aluminiumschichtdicke zugeordnet werden können, wobei die Zuordnung möglichst unabhängig von dem Drahtdurchmesser erfolgen sollte. Dazu wurden Drähte mit verschiedenen, aber genau bekannten Aluminiumschichtdicken und verschiedenen Durchmessern benötigt. Um solche Kalibrierdrähte zu erhalten, wurden Drahtstücke aus rostfreiem Stahl mit Aluminiumfolien umwickelt. Aus der Foliendicke und der Anzahl der Wicklungen konnte die Schichtdicke berechnet werden. An diesen Kalibrierdrähten wurde die entsprechende Zählrate für jede Schichtdicke an 4 verschiedenen, jeweils um 90° versetzten Stellen des Drahtumfanges gemessen. Die Daten und Meßwerte sind in Tab. 1 enthalten. Man sieht, daß zwar

Tab. 1. Daten und Meßwerte der Kalibrierdrähte (Z_l = 14941 Imp./min)

$∅_i$	Al-Schicht-dicke	gemessene Zählrate Z_g Imp./min				Mittelwert $\bar{Z}_g$	$\bar{Z}_g - Z_l$	$(\bar{Z}_g - Z_l)/(\bar{Z}_g - Z_l)_0$
mm	mm	0°	90°	180°	270°	Imp./min	Imp./min	
1,5	0,000	25263	25355	25451	25548	25404	10463	1,000
	0,044	24141	24169	24251	24641	23301	9360	0,895
	0,057	24409	24466	24372	24827	24519	9578	0,915
	0,076	24206	23991	24382	24034	24156	9215	0,881
	0,088	23602	23973	23729	23735	23760	8819	0,843
	0,106	23585	23958	22730	22963	23309	8368	0,800
2,5	0,000	31127	31132	31106	31212	31144	16203	1,000
	0,076	28132	28971	29909	28540	28713	13772	0,850
	0,099	28130	27949	28028	28271	28081	13140	0,811
	0,121	26984	27138	27439	27174	27184	12243	0,756
	0,159	27002	26935	26297	26265	26625	11684	0,721
	0,171	26007	26504	26280	17114	26476	11535	0,712
3,2	0,000	34005	33680	33479	33961	33781	18840	1,000
	0,095	30729	30317	30258	31037	30585	15644	0,830
	0,133	29597	28979	29360	29903	29460	14519	0,771
	0,159	28694	28922	28571	28673	28715	13774	0,731
	0,190	27577	28359	27384	27506	27707	12766	0,078
	0,228	26889	27231	26892	27031	27011	12070	0,641
5,0	0,000	38916	39028	38957	38860	38940	23999	1,000
	0,159	31473	31902	31687	31936	31750	16809	0,700
	0,212	30245	29953	29975	30593	30192	15251	0,635
	0,265	29353	28961	29353	28988	29164	14223	0,593
	0,318	27929	27790	27807	28155	27920	12979	0,541
	0,371	17125	27774	27129	26902	27108	12167	0,507

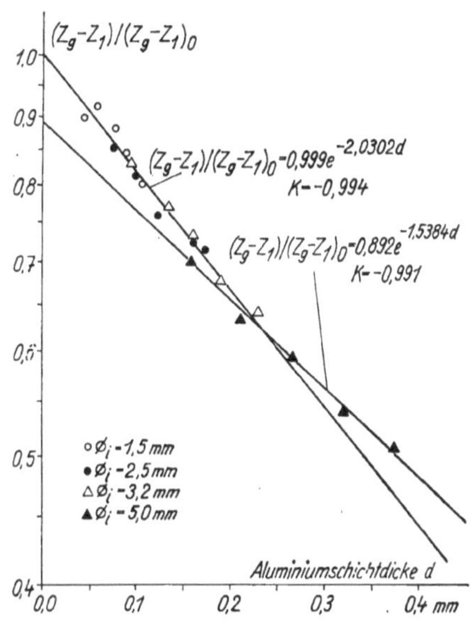

Abb. 2. Abhängigkeit der Meßwerte der Kalibrierdrähte von der Aluminiumschichtdicke d

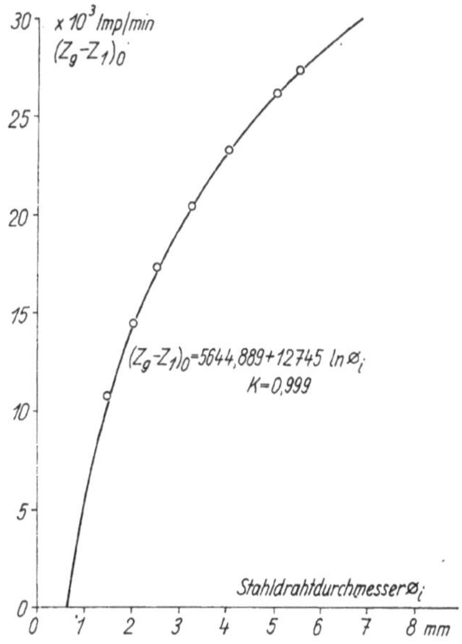

Abb. 3. Abhängigkeit der Meßwerte der Strahldrähte vom Drahtdurchmesser $\varnothing_i$

eine eindeutige Abhängigkeit der Zählraten von der Schichtdicke vorhanden ist, aber daß ebenso die Zählraten auch vom Drahtdurchmesser abhängen. Um die Meßwerte der verschiedenen Kalibrierdrähte miteinander vergleichen zu können, wurde zuerst der „Leerwert" Z_l, d. h. die Zählrate, die man erhält, wenn sich kein Draht im Meßkopf befindet, abgezogen und dann die so erhaltenen Werte auf den jeweiligen Wert des blanken Drahtes normiert $((\overline{Z}_g - Z_l)/(\overline{Z}_g - T_l)_0)$. In Abb. 2 sind diese Größen in Abhängigkeit von der Aluminiumschichtdicke d aufgetragen. Man erkennt, daß durch alle Werte eine gemeinsame Kalibrierkurve gegeben ist. Der Versuch, diesen Werten eine Exponentialfunktion anzupassen, ergab folgendes:

$$\text{Für } 0{,}0 \leqq d \leqq 0{,}3 \text{ mm: } (Z_g - Z_l)/(Z_g - Z_l)_0 = 0{,}999\, e^{-2{,}0302\,d}\,,\ K = -0{,}994 \qquad (1)$$

$$\text{Für } 0{,}2 \leqq d \leqq 0{,}4 \text{ mm: } (Z_g - Z_l)-/(Z_g - Z_l) = 0{,}892\, e^{-1{,}5384\,d}\,,\ K = -0{,}991 \qquad (2)$$

K ist dabei der Korrelationskoeffizient der einzelnen Datenpunkte in bezug auf die Exponentialkurve, die diesen Punkten angepaßt wurde. Bei Kenntnis des „Nullwertes" $(Z_g - Z_l)_0$ für die Stahlseele könnte als mit Gl. (1) oder Gl. (2) aus jedem Meßwert Z_g die Aluminiumschichtdicke d berechnet werden.

Tab. 2. Daten und Meßwerte der Stahldrähte (Z_l = 307634 Imp./30 min)

Stahldrahtdurchmes. $\varnothing_i$ mm	gemessene Zählrate Imp./30 min	Z_g Imp./min	$(Z_g - Z_l)_0$ Imp./min
1,5	631979	21066,0	10811,5
2,0	742117	24737,2	14482,8
2,5	827654	27588,5	17334,0
3,2	920986	20699,6	20445,1
4,0	1007353	33578,4	23324,0
5,0	1092177	36405,0	26151,4
5,5	1129021	37634,0	27379,6

Als nächstes wurde die Abhängigkeit der Zählrate vom Durchmesser der Stahlseele bestimmt. Für insgesamt 7 Drähte aus rostfreiem Stahl mit Durchmessern von 1,5 – 5,5 mm wurden die entsprechenden Werte gemessen (Tab. 2) und anschließend eine Kurvenanpassung versucht. Die beste Übereinstimmung erfolgte mit der logarithmischen Kurve (Abb. 3).

$$(Z_g - Z_l)_0 = 6544{,}889 + 12\,745{,}287 \ln \varnothing_i\,,\quad K = 0{,}999 \qquad (3)$$

Tab. 3. Daten und Meßwerte der Drahtproben

Probennummer	Gesamtdurchm. $\varnothing_g$ mm	gemessene Zählrate Z_g Imp./10 min 0°	90°	180°	270°
–	–	149076	149108	149093	149081
1	2,00	243689	246429	242093	239591
2	2,00	250094	243447	237499	245584
3	2,05	248517	251342	242951	244737
4	2,05	250968	249245	243765	250428
5	2,10	247822	247185	243165	243909
6	2,10	245309	248282	244205	245986
7	2,17	252199	252484	252580	253227
8	2,17	251104	256034	252744	250708
9	2,30	257316	257850	250023	256568
10	2,30	250523	260410	254696	246005
11	2,57	288210	271378	256208	272685
12	2,57	295882	302916	261763	260060
13	2,89	265754	261372	268384	262748
14	2,89	272811	270943	258497	266109
15	3,00	267282	274008	267750	263953
16	3,00	268874	271809	266477	262158
17	3,26	260707	267765	270201	265627
18	3,26	263962	270279	276177	259399
19	4,67	268346	280244	269353	260864
20	4,67	279213	272793	262761	270376
–	–	149117	149056	149099	149079

Schließlich wurde noch der Einfluß der Kollimatoröffnungen vor den Zählrohren auf die Leerdrahtzählraten untersucht um festzustellen, ob durch Verringerung der Kollimatoröffnungen evtl. eine Unabhängigkeit vom Leerdrahtdurchmesser erreicht werden kann. Die Messungen führten jedoch zu keinem brauchbaren Ergebnis.

5. Messung von Drahtproben

Für die labormäßige Erprobung der Meßapparatur standen insgesamt 20 Drahtproben zur Verfügung, von denen jeweils 2 denselben Gesamtdurchmesser $\varnothing_g$ hatten. Gemessen wurde wieder wie bei den Kalibrierdrähten an 4 verschiedenen jeweils um ca. 90° versetzten Stellen des Umfanges. Tab. 3 enthält die Daten der Drahtproben und die entsprechenden Zählraten. Die Meßzeit betrug 10 Minuten. Dies war notwendig, um eine hinreichende Genauigkeit der Zählraten und damit auch der aus ihnen zu berechnenden Aluminiumschichtdicken zu erhalten.

6. Auswertung der Messungen

Bei der Kalibrierung der Apparatur hatte sich gezeigt, daß die Meßwerte außer von der Aluminiumschichtdicke d auch von dem Durchmesser $\varnothing_i$ der Stahlseele abhängen. Letzterer ist aber unbekannt. Bekannt ist lediglich der Gesamtdurchmesser $\varnothing_g$. Es mußte also versucht werden, mit Hilfe der Konstanten der Kalibriergleichungen (1) bzw. (2) und (3), des Gesamtdurchmessers $\varnothing_g$ und der

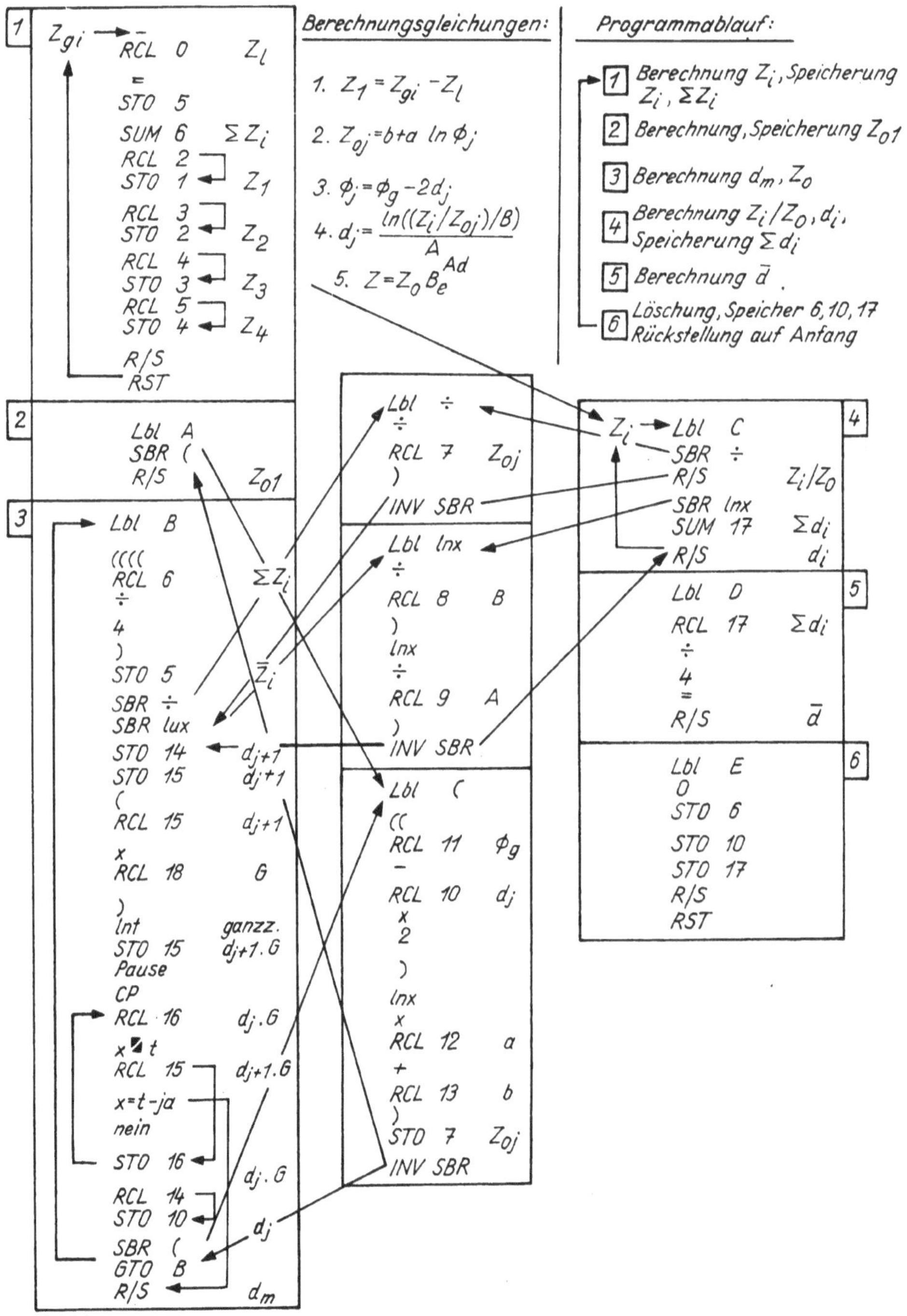

Abb. 4. Flußdiagramm des Auswerteprogrammes

Meßwerte Z_g durch schrittweise Annäherung zuerst den Durchmesser $\varnothing_i$ der Stahlseele und dann die gesuchten Aluminiumschichtdicken d zu berechnen. Dazu wurde für den programmierbaren Taschenrechner TI59 ein Programm entwickelt, durch das sämtliche Berechnungen ermöglicht wurden. In Abb. 4 wird das Flußdiagramm gezeigt. Es werden zuerst aus den vier zusammengehörenden gemessenen Zählraten Z_{gi} und dem Leerwert Z_l die Werte

$$Z_i = Z_{gi} - Z_l \tag{4}$$

berechnet und gespeichert. Anschließend wird mit dem Gesamtdurchmesser $\varnothing_g$ und der Kalibriergleichung (3) der Wert Z_{01} berechnet

$$Z_{01} = b + a \ln \varnothing_g \tag{5}$$

Mit diesem Wert und dem Mittelwert $\bar{Z}_i$ der 4 Einzelmessungen wird dann mittels der Gleichung (1) bzw. (2) eine erste mittlere Schichtdicke (d_1) bestimmt

$$d_1 = \frac{\ln((Z_i/\bar{Z}_{01})/B)}{A} \tag{6}$$

Den dieser Schichtdicke entsprechenden Durchmesser $\varnothing_1$ der Stahlseele erhält man durch die Gleichung

$$\varnothing_1 = \varnothing_g - 2d_1 \tag{7}$$

Dieser Wert dient dann zur Berechnung von Z_{02} und d_2. Das Ganze wird so lange fortgesetzt, bis gilt

$$d_j = d_j + 1 \tag{8}$$

wobei der Grad der Übereinstimmung durch die Wahl eines Genauigkeitsfaktors $G = 10^x$ (x = Zahl der übereinstimmenden Stellen) vorgegeben wird. Mit der so ermittelten Aluminiumschichtdicke d_m wird der Durchmesser $\varnothing_i$ der Stahlseele nach Gl. (7) berechnet. Danach können

Tab. 4. Vergleich der Ergebnisse der β-Rückstreuung $d_{ber.}$ und der herkömmlichen Methode $d_{gem.}$

Probennummer	0°		90°		180°		270°	
	$d_{ber.}$ / $d_{gem.}$	Δd mm	$d_{ber.}$ / $d_{gem.}$	Δd mm	$d_{ber.}$ / $d_{gem.}$	Δd mm	$d_{ber.}$ / $d_{gem.}$	Δd mm
1	0,138	+0,008	0,124	−0,006	0,147	+0,007	0,160	−0,010
	0,13		0,13		0,14		0,17	
2	0,108	−0,012	0,142	−0,018	0,174	+0,004	0,131	−0,009
	0,12		0,16		0,17		0,14	
3	0,130	+0,010	0,116	−0,004	0,159	−0,011	0,149	−0,021
	0,12		0,12		0,17		0,17	
4	0,121	+0,001	0,130	±0.000	0,157	−0,003	0,124	−0,036
	0,12		0,13		0,16		0,16	
5	0,140	−0,020	0,143	+0,013	0,164	+0,014	0,160	−0,010
	0,16		0,13		0,15		0,17	
6	0,153	−0,017	0,138	−0,022	0,159	+0,029	0,150	−0,010
	0,17		0,16		0,13		0,16	
7	0,142	+0,002	0,141	−0,009	0,140	+0,020	0,137	−0,003
	0,14		0,12		0,15		0,14	
8	0,147	+0,027	0,124	+0,004	0,140	+0,010	0,149	−0,001
	0,12		0,12		0,13		0,15	
9	0,143	+0,023	0,140	−0,010	0,177	+0,007	0,146	−0,014
	0,12		0,15		0,17		0,16	
10	0,171	+0,001	0,125	+0,015	0,151	+0,011	0,194	+0,014
	0,17		0,11		0,14		0,18	
11	0,076	−0,004	0,140	+0,030	0,205	+0,025	0,135	−0,035
	0,08		0,11		0,18		0,17	
12	0,058	+0,058	0,035	−0,095	0,188	−0,012	0,195	+0,045
	0,00		0,13		0,20		0,15	
13	0,194	−0,016	0,213	−0,017	0,183	−0,007	0,207	+0,027
	0,21		0,23		0,19		0,18	
14	0,167	−0,013	0,175	+0,015	0,228	+0,028	0,195	−0,005
	0,18		0,16		0,20		0,20	
15	0,203	−0,007	0,175	−0,005	0,201	−0,019	0,217	−0,023
	0,21		0,18		0,22		0,24	
16	0,195	−0,005	0,183	+0,003	0,205	−0,005	0,224	+0,014
	0,20		0,18		0,21		0,21	
17	0,255	+0,015	0,225	+0,035	0,215	+0,055	0,234	−0,026
	0,24		0,19		0,16		0,26	
18	0,242	−0,018	0,216	−0,014	0,193	+0,073	0,262	+0,032
	0,26		0,23		0,12		0,23	
19	0,331	+0,001	0,285	−0,005	0,327	+0,007	0,363	+0,013
	0,33		0,29		0,32		0,35	
20	0,289	−0,021	0,314	−0,046	0,356	+0,016	0,324	−0,026
	0,31		0,36		0,34		0,35	
Mittlere Abw.:	+0‘0007		−0,0068		+0,0125		−0,0042	

schließlich mit Hilfe der Kalibriergleichungen (1) bzw. (2) und (3) die den gespeicherten Zählraten Z_i entsprechenden Schichtdicken d_i ermittelt werden. Zum Schluß werden die Speicherplätze 6, 10 und 17 gelöscht und der Programmanzeiger auf den Anfang des Programmes gestellt für die nächste Berechnung.

Die Ergebnisse der Auswertung der Messungen der 20 Drahtproben sind in Tab. 4 zusammengestellt. Als Genauigkeitsfaktor wurde $G = 10^5$ gewählt, die Schichtdicken d_i wurden auf 1/1000 mm berechnet.

Die 4 so erhaltenen Schichtdicken liefern allerdings nur ungenaue Aussagen über den wahren Aufbau des Aluminiummantels um den Stahldraht. Erst die Angaben der maximalen und der minimalen Schichtdicken ermöglichen es, die Gleichmäßigkeit bzw. die Exzentrizität des Mantels zu beurteilen und festzustellen, ob die laut ÖNORM geforderte Mindestschichtdicke eingehalten worden ist. Dies kann jedoch aus den ermittelten Werten leicht berechnet werden (Abb. 5); denn es muß gelten

$$d_{\min} = 1/2\,(\varnothing_g - \varnothing_i - \sqrt{(d_4 - d_2)^2 + (d_3 - d_1)^2}) \quad (9)$$

$$d_{\max} = 1/2\,(\varnothing_g - \varnothing_i + \sqrt{(d_4 - d_2)^2 + (d_3 - d_1)^2}) \quad (10)$$

wobei

$$\varnothing_i = \sqrt{(d_4 - d_2)^2 + (\varnothing_g - d_1 - d_3)^2} \quad (11\,a)$$

Tab. 5. Vergleich der berechneten Aluminiumschichtdickenminima und -maxima mit den auf herkömmliche Art gemessenen Werten

Probennummer	$\varnothing_g$	Al-Schichtminimum			Al-Schichtmaximum		
		$d_{ber.}$	$d_{gem.}$	Δd	$d_{ber.}$	$d_{gem.}$	Δd
	mm	mm	mm	mm	mm	mm	mm
1	2,00	0,124		+0,004	0,161		−0,029
		0,12	0,12	±0,00	0,16	0,19	−0,03
2	2,00	0,103		+0,003	0,174		−0,016
		0,12	0,10	+0,02	0,17	0,19	−0,02
3	2,05	0,111		+0,001	0,166		−0,024
		0,11	0,11	±0,00	0,18	0,19	−0,01
4	2,05	0,108		−0,002	0,158		−0,012
		0,12	0,11	+0,02	0,17	0,17	±0,00
5	2,10	0,137		+0,017	0,166		−0,014
		0,13	0,12	+0,01	0,17	0,18	−0,01
6	2,10	0,138		+0,038	0,163		−0,027
		0,13	0,10	+0,03	0,17	0,19	−0,02
7	2,17	0,137		+0,017	0,143		−0,017
		0,13	0,12	+0,01	0,15	0,16	−0,01
8	2,17	0,124		+0,024	0,157		−0,003
		0,11	0,10	+0,01	0,15	0,16	−0,01
9	2,30	0,126		+0,026	0,177		−0,013
		0,12	0,10	+0,02	0,18	0,19	−0,01
10	2,30	0,124		+0,014	0,196		−0,04
		0,11	0,11	±0,00	0,19	0,20	−0,01
11	2,57	0,071		+0,011	0,205		−0,015
		0,008	0,06	+0,02	0,19	0,22	−0,03
12	2,57	0,010		+0,010	0,223		+0,023
		0,02	0,00	+0,02	0,22	0,21	+0,01
13	2,89	0,182		+0,032	0,216		−0,034
		0,18	0,15	+0,03	0,23	0,25	−0,02
14	2,89	0,152		+0,02	0,229		−0,001
		0,16	0,15	+0,01	0,22	0,23	−0,01
15	3,00	0,175	+0,015		0,222		−0,018
		0,18	0,16	+0,02	0,24	0,24	±0,00
16	3,00	0,179		+0,019	0,224		−0,026
		0,18	0,16	+0,02	0,22	0,25	−0,03
17	3,26	0,209		+0,089	0,256		−0,034
		0,16	0,12	+0,04	0,27	0,29	−0,02
18	3,26	0,183		+0,073	0,273		−0,017
		0,14	0,11	+0,03	0,28	0,29	−0,01
19	4,67	0,285		+0,05	0,368		−0,022
		0,29	0,28	+0,01	0,35	0,39	−0,04
20	4,67	0,285		+0,005	0,356		−0,024
		0,32	0,28	+0,04	0,36	0,38	−0,02
mittlere Abweichung				+0,020			−0,017
				+0,018			−0,016

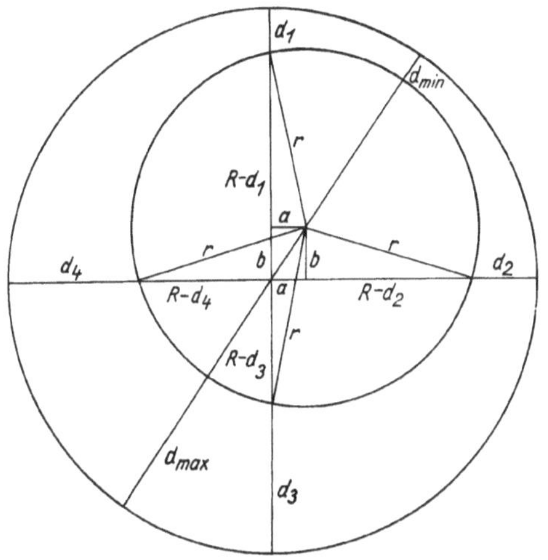

Abb. 5. Berechnung der minimalen und maximalen Schichtdicke

Berechnungsunterlagen:

$$a = \frac{d_4 - d_2}{2}, \; d_4 > d_2 \; ; \qquad b = \frac{d_3 - d_1}{2}, \quad d_3 > d_1 \; ;$$

$$\varnothing_g = 2R, \quad \varnothing_i = 2r$$

$$\varnothing_i = \sqrt{(d_4 - d_2)^2 + (\varnothing_g - d_1 - d_3)^2} = \sqrt{(d_3 - d_1)^2 + (\varnothing_g - d_2 - d_4)^2}$$

$$d_{min} = \frac{1}{2}\left(\varnothing_g - \varnothing_i - \sqrt{(d_4 - d_2)^2 + (d_3 - d_1)^2}\right)$$

$$d_{max} = \frac{1}{2}\left(\varnothing_g - \varnothing_i + \sqrt{(d_4 - d_2)^2 + (d_3 - d_1)^2}\right)$$

bzw.

$$\varnothing_i = \sqrt{(d_3 - d_1)^2 + (\varnothing_g - d_4 \quad d_1)^2} \tag{11b}$$

ist.

Auch diese Berechnungen wurden mit dem programmierbaren Taschenrechner TI59 durchgeführt. Die Ergebnisse sind in Tab. 5 angegeben.

Eine Überprüfung, wie weit die durch die schrittweise Annäherung berechneten Durchmesser $\varnothing_i$ der Stahlseele mit den tatsächlichen Werten übereinstimmt, geschah durch Ausmessung von 17 Drahtproben, bei denen an dem einen Ende der Aluminiummantel abgeätzt worden

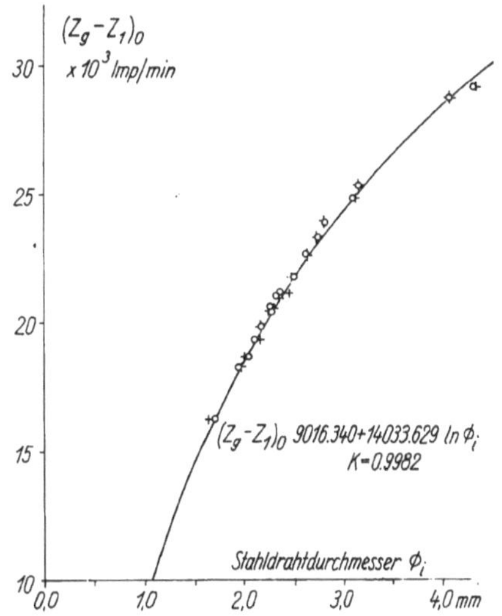

Abb. 6. Vergleich der mit einer Mikrometerschraube gemessenen und der berechneten Durchmesser $\varnothing_i$ der Stahlseele

○ – gemessene Werte; + – berechnete Werte

war. Die Ergebnisse sind in Tab. 6 aufgeführt. In Abb. 6 sind sowohl die mit einer Mikrometerschraube gemessenen $\varnothing_i$-Werte als auch die berechneten Werte als Funktion der an den abgeätzten Drahtenden gemessenen $(Z_g - Z_l)_0$-Werte aufgetragen. Man sieht, daß die Übereinstimmung hervorragend ist. Die Methode der schrittweisen Annäherung kann also für die Berechnung der Aluminiumschichtdicken angewendet werden.

Die Bestimmung des für diese Berechnungen notwendigen Gesamtdurchmessers $\varnothing_g$ des Drahtes kann bei Drahtproben durch eine Mikrometerschraube oder bei on-line-Messungen durch den Abstand zweier Andruckwalzen erfolgen. Aber auch die Radionuklidtechnik kann eine Lösungsmöglichkeit bieten, die dazu den Vorteil hat, berührungslos zu sein. Wenn z.B. die Kollimatoröffnungen für Strahlenquelle und Detektor größer sind als der größte

Tab. 6. Vergleich der gemessenen $(Z_g - Z_l)_0$- und $\varnothing_i$-Werte mit den berechneten

Nr.	$\varnothing_g$ mm	$(Z_g - Z_l)_0$ Imp./min			$\varnothing_i$ mm		
		gemessen	berechnet	Δ, %	gemessen	berechnet	Δ, %
1	1,978	16271,9	16054,2	−1,34	1,690	1,651	−2,31
2	2,261	18298,5	18467,0	+0,92	1,956	1,961	+0,26
3	2,284	18628,6	18748,0	+0,64	2,027	2,001	−1,28
4	2,494	19366,5	19845,8	+2,47	2,106	2,163	+2,71
5	2,495	19827,3	19843,6	+0,08	2,172	2,163	−0,41
6	2,672	21076,1	20937,1	−0,66	2,323	2,338	+0,65
7	2,585	20532,5	20381,0	−0,74	2,265	2,248	−0,75
8	2,670	20436,2	20787,0	+1,72	2,265	2,313	+2,12
9	2,692	21090,2	20969,4	−0,57	2,337	2,344	+0,30
10	2,787	21763,8	21653,9	−0,50	2,493	2,461	−1,28
11	2,982	22575,4	22654,9	−0,14	2,614	2,622	+0,31
12	3,093	23285,3	23098,8	−0,80	2,736	2,728	−0,29
13	3,212	23890,2	23435,5	−1,90	2,794	2,794	±0,00
14	3,524	24820,7	24962,2	+0,57	3,084	3,115	+1,01
15	3,586	25317,9	25069,5	−0,98	3,148	3,139	−0,29
16	4,634	28646,1	28692,5	+0,16	4,056	3,064	+0,20
17	4,943	29079,0	29596,6	+1,78	4,313	4,334	+0,49
Summe der Abweichungen				+0,71			+1,44

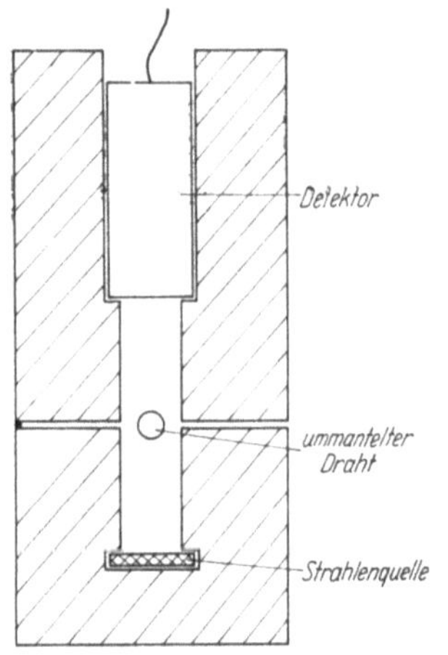

Abb. 7. Radiometrische Bestimmung des Drahtdurchmessers $\varnothing_g$

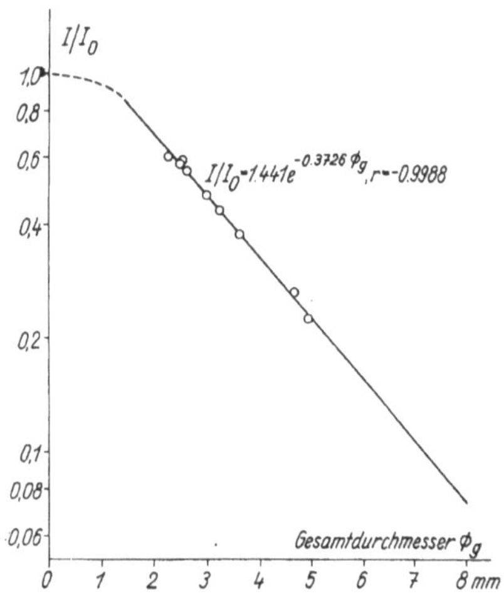

Abb. 8. Kalibrierkurve für die Bestimmung des Gesamt-Drahtdurchmessers $\varnothing_g$

Drahtdurchmesser (Abb. 7), ist die gemessene Strahlungsintensität I ein eindeutiges Maß für den Durchmesser $\varnothing_g$ (Abb. 8). Als Strahlenquelle wurde dabei ^{85}Kr verwendet.

7. Vergleich mit der herkömmlichen Meßmethode

In Tab. 4 sind nicht nur die Ergebnisse $d_{\text{ber.}}$ der β-Rückstreumessungen angeführt sondern auch die mit der in der Einleitung erwähnten herkömmlichen Methode erhaltenen Werte $d_{\text{gem.}}$. Man sieht, daß die Übereinstimmung hervorragend ist, zumal wenn man berücksichtigt, daß bei den Rückstreumessungen der Draht jeweils händisch um 90° verdreht wurde, wobei Abweichungen um $\pm 5\%$ und mehr aufgetreten sein können, während bei der herkömmlichen Methode die 90°-Drehungen wahrscheinlich sehr genau eingehalten worden sind. Dies kann speziell bei stark exzentrischen Drähten zu größeren Unterschieden der beiden Werte führen (s. Drahtprobe Nr. 12!). Sonstige systematische Abweichungen treten nicht auf. Die mittlere Abweichung der 80 Meßwerte beträgt $+0{,}000525$ mm, d. h., im Mittel stimmen die nach den beiden verschiedenen Methoden bestimmten Aluminiumschichtdicken 100%ig überein.

Tab. 5 enthält die aus den 4 an einem Umfang gemessenen Schichtdickenwerten berechneten Minima und Maxima der Aluminiumschichten. Hier ist die Übereinstimmung mit den auf herkömmliche Art bestimmten Werten zwar auch sehr gut, die Abweichungen lassen jedoch eine Systematik erkennen. Sämtliche berechnete Minimawerte, sowohl die der β-Rückstreuung als auch die der herkömmlichen Methode, sind im Mittel um 0,02 mm größer als die gemessenen Werte, während die berechneten Maximawerte im Mittel um 0,02 mm kleiner sind als die gemessenen. Die gesamte mittlere Abweichung beträgt allerdings für die berechneten Werte beider Methoden $\pm 0{,}001$ mm, also wieder praktisch 100%ige Übereinstimmung. Eine Erklärung für diese systematische Abweichung könnte sein, daß die Drähte nicht völlig rund sind. Dann würden nämlich die Berechnungsgrundlagen (Gl. (9) und (10)) nicht stimmen. Oder bei der Ausmessung unter dem Mikroskop wird unbewußt das Minimum immer etwas kleiner bestimmt, d. h. nach unten abgerundet, und das Maximum immer etwas größer (nach oben aufgerundet).

Insgesamt haben aber die Vergleiche mit der herkömmlichen Methode gezeigt, daß mit Hilfe der β-Rückstreuung von ^{90}Sr ein Meß- und Auswerteverfahren entwickelt werden konnte, das die Schichtdicke von aluminiumummantelten Stahldrähten schnell und berührungsfrei zu messen erlaubt. Die Genauigkeit hängt von verschiedenen Faktoren ab. Wenn man davon ausgeht, daß die Konstanten der Kalibrierkurven, der Leerwert und der Gesamtdurchmesser des Drahtes sehr genau bekannt sind, liegt die Genauigkeit der Schichtdickenmessung bei $\Delta d = \pm 0{,}005$ mm, wenn für die gemessenen Zählraten der 3-σ-Fehler $\pm 1\%$ beträgt, d. h., wenn innerhalb der Meßzeit mindestens 900000 Impulse gezählt werden. Die Meßzeit selbst kann bei Verwendung einer stärkeren Strahlenquelle auf 1 Minute herabgesetzt werden. Wenn zusätzliche Detektoren mit kürzeren Totzeiten eingebaut werden, könnte eine Meßzeit von einigen Sekunden evtl. ausreichen.

8. Zusammenfassung

Es sollte versucht werden, eine Methode zu entwickeln, die Schichtdicken von aluminiumummantelten Stahldrähten rasch und berührungsfrei zu messen. Als Meßprinzip wurde das Rückstreuverfahren gewählt. Es wurde ein Meßkopf konstruiert, bestehend aus einer ^{90}Sr-Strahlenquelle und 2 *Geiger-Müller*-Zählrohren, bei dem gewährleistet ist, daß der Abstand zwischen Drahtoberfläche und dem System Strahlenquelle — Detektor immer konstant ist. Die optimale Abschirmung der Strahlenquelle wurde in Vorversuchen experimentell bestimmt. Die Kalibrierung der Apparatur geschah mit Standards, die aus mit Aluminiumfolien verschiedener Dicke umwickelten Drähten aus rostfreiem Stahl hergestellt wurden. Es zeigte sich, daß zwar eine eindeutige Abhängigkeit der Meßwerte von der Schichtdicke vorhanden ist, daß aber im Prinzip für jeden Durchmesser der Stahlseele eine eigene Kalibrierung notwendig ist. Erst wenn dieser Durchmesser mit berücksichtigt wird, kann eine einheitliche Kalibrierung erfolgen. Ein Versuch, durch engere Kollimierung der rückgestreuten Strahlung unabhängig vom Drahtdurchmessser zu werden, hatte keinen Erfolg. Da aber andererseits auch eine eindeutige Abhängigkeit der Meßwerte vom Durchmesser der Stahlseele festgestellt werden konnte, konnte ein einfaches Rechenprogramm geschrieben werden, mit dem aus den Meßwerten und dem Gesamtdurchmesser des Drahtes die Aluminiumschichtdicken berechnet werden können. Danach wurden 20 Drahtproben mit verschiedenen Durchmessern an jeweils 4 um 90° versetzten Stellen eines Umfanges ausgemessen und die entsprechenden Schichtdicken berechnet. Zusätzlich wurden aus diesen Werten die Schichtdickenminima und -maxima berechnet.

Ein Vergleich mit den durch die herkömmliche Methode bestimmten Werten zeigt für die Dickenwerte eine ausgezeichnete Übereinstimmung (mittlere Abweichung von 80 Werten: +0,000525 mm), während die berechneten Minimalwerte systematisch im Mittel um 0,02 mm größer und die berechneten Maximalwerte systematisch im Mittel um 0,02 mm kleiner sind als die gemessenen (gesamte mittlere Abweichung: +0,001 mm). Der Grund dafür konnte nur vermutet werden. Insgesamt haben die Vergleichsmessungen jedoch gezeigt, daß mittels der β-Rückstreuung die Schichtdicke von aluminiumummantelten Stahldrähten schnell und berührungsfrei gemessen werden kann. Die Genauigkeit ist besser als ±0,01 mm.

Bei Messungen von Drahtproben dauert eine Gesamtuntersuchung mit Angabe der minimalen und maximalen Aluminiumschichtdicke 1–2 Minuten. Bei Verwendung von 4 um 90° verdrehten Meßköpfen können aber auch on-line-Messungen an der Ziehmaschine durchgeführt werden, um so lückenlos die Einhaltung der ÖNORM zu überprüfen. Das Verfahren selbst ist natürlich nicht nur für aluminiumummantelte Drähte anwendbar, sondern ebenso für alle anderen Beschichtungsmaterialien. Für die Bestimmung des für die Berechnungen notwendigen Gesamtdurchmessers des Drahtes wird eine einfache, berührungslose Meßmethode vorgeschlagen.

Eingegangen am 8. 2. 1984

Isotopenpraxis 21 (1985) 2, S. 45 bis 48

Nuklidproduktionsfunktionen bei der Dünnschichtaktivierung von Eisen für Verschleißuntersuchungen

K. Eichhorn[1]), *Ch. Eifrig*[2])

(AdW der DDR, [1]) Zentralinstitut für Kernforschung Rossendorf; [2]) Zentralinstitut für Isotopen- und Strahlenforschung Leipzig)

Vorraussetzung für die Anwendung der Dünnschichtaktivierung auf Verschleißuntersuchungen ist die Kenntnis der Nuklidtiefenverteilung im aktivierten Werkstoff. Deshalb wurden die Nuklidproduktionsfunktionen für die Aktivierung von Eisen mit Alphateilchen, Deuteronen und Protonen am Rossendorfer Zyklotron mit Folienpakettargets bestimmt.

For wear measurements using thin layer activation information is necessary about the nuclide depth distribution in the activated materials. The nuclide concentration profiles as a result of iron activation by alphaparticles, deuterons, and protons have been determined at the Rossendorf cyclotron using iron foil stacks.

Keywords

charged particles, distribution, iron, radioactivation, wear

1. Einleitung

Beim Beschuß von Eisen mit geladenen Teilchen geeigneter Art und Energie entstehen an der Oberfläche radioaktive Nuklide mit gut meßbarer Gammastrahlung. Je nach Art und Energie der Teilchen beträgt die Dicke der aktivierten Schicht an der Oberfläche wenige bis einige hundert Mikrometer (Dünnschichtaktivierung). Bei Verschleißuntersuchungen können die mittels Dünnschichtaktivierung markierten Abriebteilchen gemessen werden, indem sie an einer beliebigen Stelle aus einem vorhandenen Schmiermittelstrom herausgefiltert werden (Durchflußverfahren) oder indem die Aktivitätsabnahme der markierten Verschleißstelle verfolgt wird (Dünnschichtdifferenzverfahren), (vgl. [1–8]). Die Messungen können an Aggregaten, die sich in Betrieb befinden, kontinuierlich vorgenommen werden. Der Abrieb ist im Mikrometer- bzw. Mikrogrammbereich quantitativ nachweisbar. Damit erhält man in relativ kurzer Zeit eine Aussage über die Verschleißkinematik.

Gegenüber der Neutronenaktivierung ist das Verfahren durch die hohe Nachweisempfindlichkeit bei Direktmessung und durch die bedeutend geringere Gesamtaktivität, die für die Verschleißmessungen ausreicht, begünstigt.

Für quantitative Aussagen bei derartigen nuklearen Verschleißuntersuchungen ist die Kenntnis der Aktivitätstiefenverteilung jedes erzeugten Nuklids erforderlich. Sie hängt von der Art und Zahl der Kernreaktionen ab, die in einer bestimmten Tiefe von den eindringenden Teilchen auf Grund ihrer Energie an diesem Ort und des entsprechenden Wirkungsquerschnitts induziert werden.

Die in der Literatur veröffentlichten Eichungen von Aktivitätstiefenverteilungen sind auch für den am häufigsten bei nuklearen Verschleißuntersuchungen verwendeten Werkstoff Eisen lückenhaft. Für Deuteronenbeschuß liegen nur integrale Messungen vor [1, 6, 9] bzw. eine gammaspektrometrische Auswertung [10], bei der das Nuklid ^{54}Mn vernachlässigt wird, dessen Anteil an der erzeugten Gesamtaktivität bei längeren Meßzeiten jedoch stören kann. Für Protonenbeschuß ist eine Arbeit bekannt [3], die nicht den gesamten verfügbaren Energiebereich erfaßt. Für Beschuß mit Alphateilchen liegt unserer Kenntnis nach nur eine Arbeit vor [11], in der zwar Werte bis 100 MeV angegeben werden, die jedoch im interessierenden Bereich bis 25 MeV zu grob unterteilt sind.

Zur Optimierung der Aktivierungsbedingungen am Rossendorfer Zyklotron wurden die Nuklidproduktionsfunktionen für den Beschuß von Eisen mit Alphateilchen, Deuteronen und Protonen durch Bestrahlung von Eisen-Folienpakettargets [3, 10] bestimmt. Bei diesem Verfahren wird für die einzelnen Folien das charakteristische Gammaspektrogramm aufgenommen und der jeweiligen Targettiefe zugeordnet.

Anschriften: [1]) 8051 Dresden, PF 19; [2]) 7050 Leipzig, Permoserstr. 15

2. Experimentelles

2.1. Folienpaket

Verwendet wurden CK67-Stahlfolien (3 µm und 6 µm stark)[3]. Vor der Bestrahlung sind die Dicke und der Elementgehalt der Folien stichprobenweise untersucht worden. Wägung und Röntgenabsorptionsmessung ergaben Folienstärken von (2,95 ± 0,10) µm bzw. (5,91 ± 0,20) µm. Der relative Fehler bei der Messung der Folienstärke von 3,4% bleibt weit unter den bei Verschleißmessungen auftretenden Fehlern. Eine Röntgenfluoreszenzanalyse der Folien zeigte, daß sie zusätzlich zum Standardgehalt der Stahlsorte CK 67 (0,65–0,72% Kohlenstoff, 0,25–0,50% Silizium

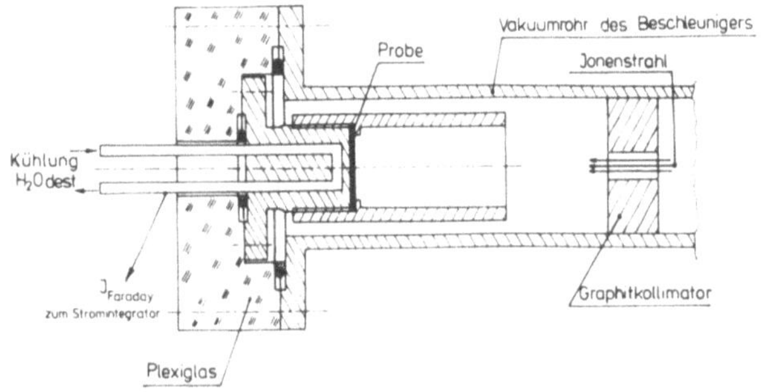

Abb. 1. Bestrahlungsanordnung

[3]) hergestellt im Kombinat Alberg Funk Freiberg, Halbzeugwerk Auerhammer Aue

und 0,60–0,80% Mangan [12]) ca. 0,5% Chrom enthalten. Foliendefekte können eine zu große Eindringtiefe der geladenen Teilchen vortäuschen. Deshalb wurde mit einem Durchlichtmikroskop der relative Lochanteil an der Folienfläche bestimmt. Der Maximalwert von $6{,}5 \cdot 10^{-5}$ ergibt einen vernachlässigbaren Fehler für die Tiefenbestimmung von $2{,}3 \cdot 10^{-2}$ µm bei 60 übereinanderliegenden Folien. Es wurden kreisförmige Blättchen aus den Folien angefertigt, codiert und in Aluminiumhalterungen gepreßt, die eine Kreisfläche von 5 mm Durchmesser zur Bestrahlung offen lassen. Die Wahl der Folienzahl pro Target erfolgte entsprechend der mittleren Weglänge der Teilchen [13] bei der zur Verfügung stehenden Maximalenergie (vgl. Tab. 1).

Tab. 1. Bestrahlungsparameter

	α	d	p
Maximalenergie in MeV	27	13,5	6,75
mittlere Weglänge in µm [13]	138	274	137
Anzahl der 6 µm-Folien (an der Targetoberfläche eingesetzt)	6	29	6
Anzahl der 3 µm-Folien	35	35	35
Bestrahlungszeit in s	2502	1320	2380
Ladung in µAs	1600	1600	1440

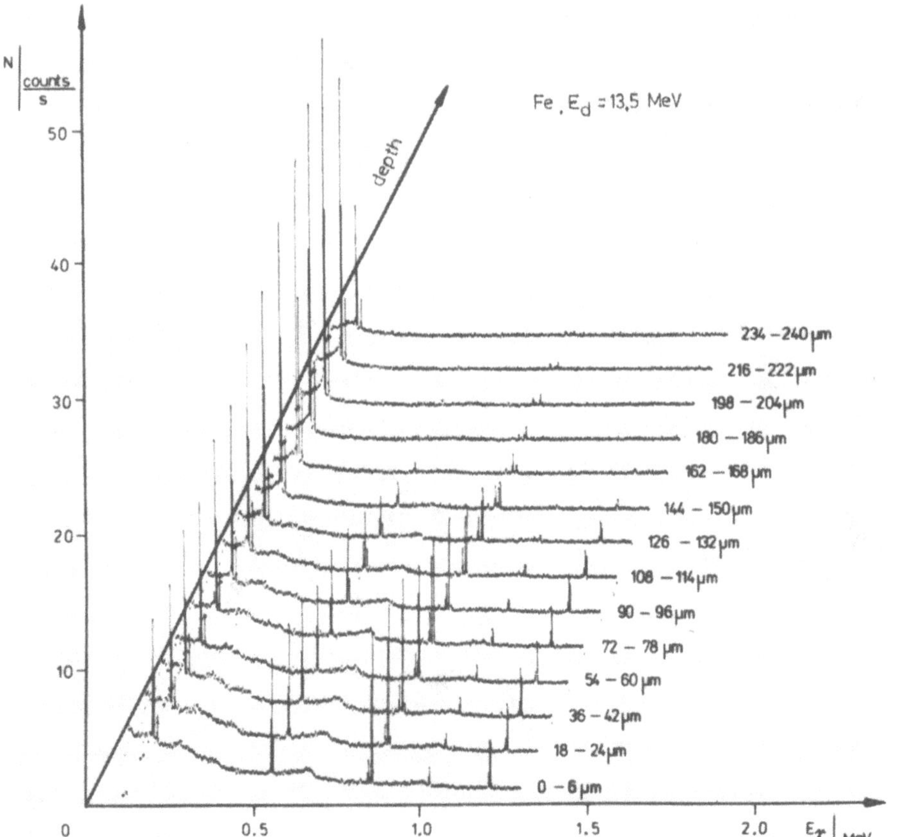

Abb. 2. Gammaspektrogramme eines Deuteronen-aktivierten Folienpakets
Um das energieabhängige Ansprechvermögen des Detektors teilweise zu kompensieren und damit die Spektrogramme besser darstellen zu können, wurde ein 2 mm starker Cd-Absorber zwischen Probe und Detektor gebracht

2.2. Bestrahlung

Die Bestrahlung der Folienpakete erfolgte im Vakuum mit den in Tab. 1 angegebenen Parametern und mit der in Abb. 1 dargestellten Anordnung am Zyklotron U 120, ZfK Rossendorf. Nach Erreichen einer vorgewählten Ladungsmenge wurde der Bestrahlungsvorgang automatisch beendet.

2.3. Gammaspektren

Die Gammaspektren wurden mit einem Ge(Li)-Detektor (aktives Volumen 30 cm³) und einem 1024-Kanal-Analysator bei Meßzeiten von 1000—5000 s aufgenommen. Das Ansprechvermögen des Detektors wurde mit einem Eichquellensatz (OSGI, UdSSR) bestimmt. Die Auswertung der Spektren erfolgte auf dem Rechner ZRA 2 mit dem Auswerteprogramm PICOGRAPH [14].

In Abb. 2 sind als Beispiel Gammaspektrogramme ausgewählter Folien des Deuteronen-bestrahlten Folienpakets in einer dreidimensionalen Darstellung gezeigt. Eine ähnliche Tiefenstrukturierung der Nuklidverteilung ergibt sich auch für Protonen- und Alphabestrahlungen. Wenn für nukleare Verschleißmessungen gammaspektrometrische Messungen nicht möglich sind, empfiehlt es sich aus Gründen einer exakteren Auswertbarkeit, die Pegelschwelle bzw. ein Energiefenster so zu wählen, daß nur ein Nuklid oder Nuklide gleicher Halbwertszeit und Tiefenverteilung erfaßt werden.

Tab. 2 enthält die aus den Spektren der drei Folienpakete identifizierten Nuklide und ihre Erzeugungsreaktionen.

3. Nuklidproduktionsfunktionen und Ausbeute

Mit dem in Punkt 2.3. beschriebenen Verfahren wurde für jedes Nuklid die Aktivität pro Folie bestimmt, die zu einer bestimmten Materialtiefe gehört. Die so erhaltenen Nuklidproduktionsfunktionen für Alphateilchen, Deuteronen und Protonen sind in Abb. 3—5 dargestellt. Dabei wurden die kurzlebigen und weniger intensiven Nuklide vernachlässigt. Abb. 3 und 5 zeigen, daß je nach Materialtiefe sowie

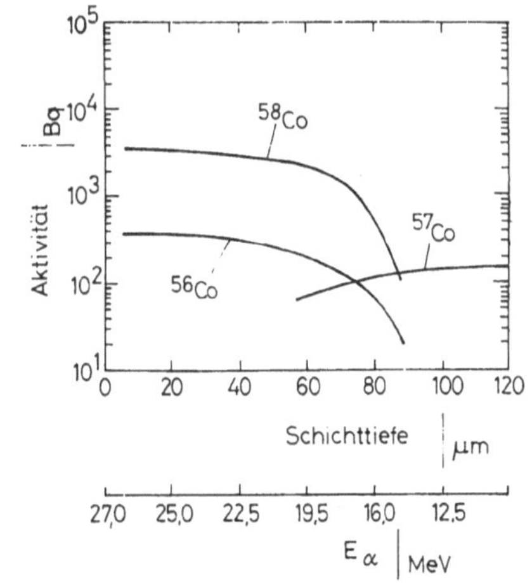

Abb. 3. Nuklidproduktionsfunktionen für den Beschuß von Eisen mit Alphateilchen

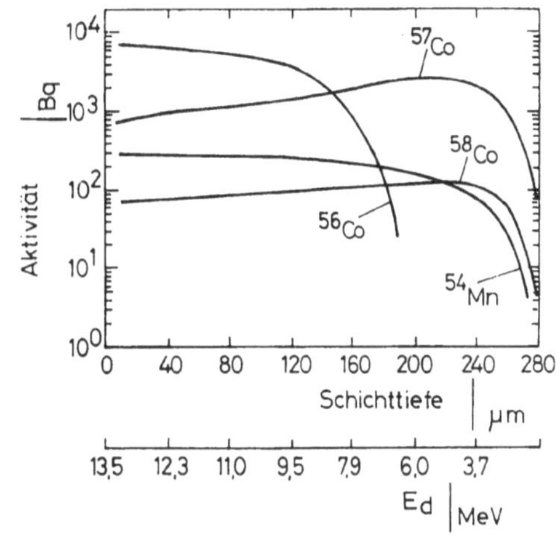

Abb. 4. Nuklidproduktionsfunktionen für den Beschuß von Eisen mit Deuteronen

Tab. 2. Für Verschleißmessungen relevante Nuklide

Reaktionsprodukt	Erzeugungsreaktionen [15]	Halbwertszeit in d [16]	Gammaenergie in MeV [16]	relative Intensität der Gammalinie in % [16]
			0,8468	100
	^{56}Fe(α, p + 3n) ^{56}Co		1,0378	14,0
^{56}Co	^{56}Fe(d, 2n) ^{56}Co	78,76	1,2383	67,6
	^{56}Fe(p, n) ^{56}Co		1,7715	15,7
			2,5986	16,9
	^{56}Fe(α, p + 2n) ^{57}Co		0,0141	11
	^{56}Fe(d, n)^{57}Co		0,1221	100
^{57}Co	^{56}Fe(p, γ)^{57}Co	271,65	0,1365	13
	^{57}Fe(p, n)^{57}Co			
	^{56}Fe(α, p + n)^{58}Co			
^{58}Co	^{57}Fe(d, n)^{58}Co	70,78	0,8108	100
	^{58}Fe(p, n)^{58}Co			
^{54}Mn	^{56}Fe(d, α)^{54}Mn	312,20	0,8348	100
	^{54}Fe(d, α)^{52}Mn		0,7442	90,0
^{52}Mn	^{52}Cr(d, 2n)^{52}Mn	5,59	0,9355	94,5
			1,4341	100

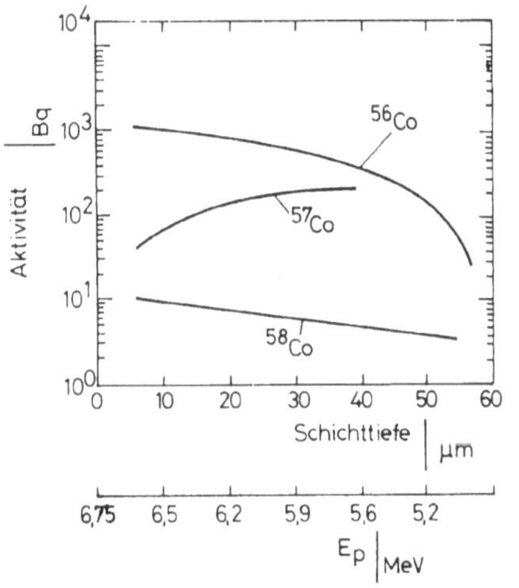

Abb. 5. Nuklidproduktionsfunktionen für den Beschuß von Eisen mit Protonen

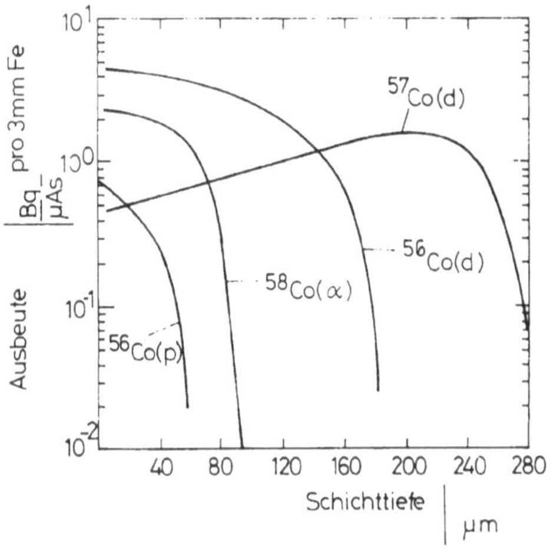

Abb. 6. Ausbeutevergleich für die Leitnuklide

^{56}Co, ^{57}Co aus Deuteronenbeschuß; ^{58}Co aus Alphateilchenbeschuß; ^{56}Co aus Protonenbeschuß

Korrektur: Statt pro 3 mm Fe lies pro 3 µm Fe

anregender Teilchenart und -energie die Aktivität eines bestimmten Nuklids vorherrschend ist. Bei der Deuteronen-Aktivierung (Abb. 4) dominieren zwei Nuklide, ^{56}Co und ^{57}Co in verschiedenen Materialtiefen.

Für praktische Belange hängt die Wahl einer bestimmten Ionenart für die Aktivierung von vielen Faktoren ab, die hier nicht diskutiert werden können. Ein Kriterium bei der Auswahl einer geeigneten Ionenart ist die Ausbeute für Nuklide mit der jeweils höchsten Aktivität (Leitnuklide). Abb. 6 zeigt den Ausbeutevergleich für die Leitnuklide bei der Bestrahlung von Eisen mit Alphateilchen, Deuteronen bzw. Protonen. Deuteronen liefern die größte Ausbeute bei einer relativ großen Aktivierungstiefe. Geringere Tiefen werden durch Alphateilchen und noch geringere durch Protonen erzeugt. Etwa in gleichem Maße sinkt bei Alphateilchen und Protonen die Ausbeute.

4. Bemerkungen zur Anwendbarkeit

Die Absolutwerte für die Aktivitäten (Abb. 3–5) sind durch die Detektoreichung mit einem Fehler von ca. 15% behaftet. Der Fehler der aufgebrachten Ladung erhöht den Fehler für den Absolutwert der Ausbeuten (Abb. 6) auf ca. 17%. Zum Teil traten unerwartet hohe Abweichungen einzelner Meßwerte vom Kurvenverlauf auf, die auf Instabilitäten der Meßapparatur zurückgeführt werden müssen.

Die Gammaspektrogramme zeigen, daß durch die Eisenbegleiter (C, Si, Mn, P, S) und den Chromanteil keine für die Verschleißmessungen wesentlichen Nuklide entstehen. Das heißt, die vorliegenden Produktionsfunktionen sind für alle unlegierten Stähle und Gußeisen anwendbar (vgl. auch [1] und [6]).

Bei der praktischen Anwendung der Ergebnisse (Abb. 6) ist zu beachten, daß neben dem Leitnuklid noch Nuklide mit einem Aktivitätsanteil von ca. 10% auftreten, deren Gammaenergien sich nur unwesentlich von der des Leitnuklids unterscheiden (^{56}Co/^{58}Co/^{54}Mn). Werden Verschleißuntersuchungen mit einem NaI-Szintillationsdetektor durchgeführt, können diese Energielinien nicht getrennt werden, und eine Korrektur der unterschiedlichen Halbwertszeiten wird dadurch erschwert, daß sich mit dem Abriebvorgang auch die Nuklidanteile ändern. Die relativ hohe Ausbeute des Nuklids ^{57}Co bei Deuteronen-Aktivierung, die hohe Ansprechwahrscheinlichkeit der Detektoren bei niedrigen Gammaenergien und die einfache Abschirmbarkeit der niederenergetischen Gammastrahlung sprechen für die Anwendung von ^{57}Co für nukleare Verschleißmessungen.

Mit den in [13] angegebenen Energie-Reichweite-Beziehungen und den Ergebnissen dieser Arbeit ist es möglich, mit Absorbern kleinere Energien am Aktivierungsort einzustellen und damit die Aktivierungstiefe definiert zu verringern.

Die Autoren danken Frau *H. Taubert* für die Hilfe, vor allem für die sorgfältige Ausführung der gammaspektrometrischen Messung der Folien, Herrn Dr. *V. Rößiger* für die Röntgenfluoreszenzanalyse der Folien und Herrn *Poppe* für die schnelle Bereitstellung der Folien.

Eingegangen am 6. 1. 1984

Literatur

[1] Teoretičeskie osnovy i opyt vnedrenija metoda poverchnostnoj aktivacii dlja issledovanija iznosa masin, ed. *V. I. Postnikov*, NIimas, Moskau (1969), serija S-Ch-4

[2] *A. J. Gervé*, Z. f. Werkstofftechnik **3** (1972) 81

[3] *A. Niller, S. E. Caldwell*, Nucl. Instr. Meth. **138** (1976) 179

[4] *T. W. Conlon*, Tribology International **12** (1979) 60

[5] *G. Polzer, W. Hammitzsch, K. Wincierz*, Kraftfahrzeugtechnik **1976**, H. 8, 239

[6] *H.-D. Grohmann*, Beitrag zur Bestimmung des Verschleißes an Schienen unter Einsatz radioaktiver Isotope, Dissertation A, Hochschule für Verkehrswesen „Friedrich List", Dresden 1979

[7] *K. Korb*, Agrartechnik **31** (1981) 537

[8] *R. Backofen*, Seewirtschaft **13** (1981) 232

[9] *J. Asher, J. W. Webb, N. J. M. Wilkins, P. F. Lawrence*, An Assessment Using Thin Layer Activation of a Corrosion Inhibitor Treatment, AERE-R 10574 (1982); *J. Asher, J. W. Webb, N. J. M. Wilkins, P. F. Lawrence*, A Demonstration of On-line Poant Corrosion Monitoring Using Thin Layer Activation, AERE-R 10391 (1981)

[10] *W. Lausch*, KFK-Nachrichten **4** (1974) 7

[11] *B. Herkert*, Die Aktivierung von metallischen Maschinenteilen mit geladenen Teilchen zur Durchführung von Verschleißmessungen, KFK-2096 (1975)

[12] TGL 14192

[13] *C. Williamson, J.-P. Boujot, J. Picard*, Tables of Range and Stopping Power of Chemical Elements for Charged Particles of Energy 0·05–500 MeV, Rapport CEA-R 3042 (1966)

[14] *G. Winter*, Programm PICOGRAPH, ZfK unveröffentlicht

[15] *K. A. Keller, J. Lange, H. Münzel, G. Pfennig*, Anregungsfunktionen für Kernreaktionen mit geladenen Projektilen. In: *Landolt-Börnstein*, Neue Serie, ed. *K.-H. Hellwege*, Grupe I, Band 5b, Berlin: Springer 1973

[16] Table of Isotops, 7. Ed., ed. *C. M. Lederer* and *V. S. Shirley*, New York: Johne Wiley & Sons, Inc. 1978

Isotopenpraxis 21 (1985) 2, S. 49 bis 50

Radiotracertechnische Methode zur Bewertung der Oberflächengüte von Werkstoffen

R. Otto, P. Hecht, H. G. Könnecke

(Zentralinstitut für Isotopen- und Strahlenforschung der AdW der DDR)[1])

Bei Herstellung, Bearbeitung und Gebrauch von Werkstoffen treten an deren Oberflächen Veränderungen auf; zu ihrer Bewertung wird ein einfaches radiotracertechnisches Verfahren beschrieben. Die zu prüfenden Oberflächen werden mit einer markierten Paste so gespachelt, daß die Unebenheiten vollständig ausgefüllt werden. Die Zählraten der Prüflinge und Vergleichsproben werden gemessen und relative Oberflächengüten berechnet. Die Prüfpaste besteht aus Bindemittel und Füllstoff sowie dem Radiotracer z. B. ^{99m}*Tc oder* ^{113m}*In als Eluate der entsprechenden Radionuklidgeneratoren. Die Methode eignet sich zur Bewertung der Oberflächengüte von Werkstoffen aller Art. Die Wiederholstandardabweichung des Meßergebnisses einer Probe beträgt 5%.*

Surfaces of materials are changed and damaged by processing, machining and use. In what follows a simple radiotracer method for testing of surfaces is described. The surfaces are puttied to fill the unevenesses and damages. The filling putty consists of a commercially available binder and a loading material and is labelled with ^{99m}*Tc or* ^{113m}*In. The counting rates of reference and testing samples are measured and a value of the relative surface finish can be calculated. The method is adapted for the testing of surfaces of all varieties. The repeat standard deviation of a measurement result amounts to 5%.*

Keywords

indium 113; material testing; quality control; surfaces; technetium 99; tracer techniques

1. Einleitung

In den letzten Jahren hat die Oberflächentechnologie weltweit an Bedeutung gewonnen [1]. Um eine Qualitätsverbesserung von Oberflächen an Werkstoffen bei rationellem Materialeinsatz, kostengünstiger Fertigung und sparsamen Energieverbrauch zu erreichen, sind aussagekräftige, bei unterschiedlichen Bedingungen einsetzbare und möglichst auch einfache Oberflächenmeß- und -prüftechniken erforderlich. Bei der Herstellung und Bearbeitung sowie beim Gebrauch von metallischen und nichtmetallischen Werkstoffen aller Art (Bleche, Platten, Formteile, Rohre usw.) treten an deren Oberflächen Schädigungen wie Rillen, Riefen, Risse, Löcher, Scharten, Aus- und Abplatzungen usw. auf. Zu ihrer Erkennung und zur Bestimmung der Abweichung der Ist- von der Solloberfläche wurden verschiedene Prüfmethoden entwickelt [2]. So gibt es u. a. Verfahren auf Ultraschall-, elektrischer, magnetischer und optischer Basis [3]. Zur Analyse atomarer Oberflächenschichten sind die *Auger*-Elektronenspektroskopie (AES), die Elektronenspektroskopie für chemische Analyse (ESCA) und die Sekundärionen-Massenspektroskopie (SIMS) entwickelt worden [4]. In einem speziellen Fall wurde zur Sichtbarmachung von Störungen an Glasoberflächen eine Radiotracermethode benutzt [5]. Die zu untersuchenden Proben werden in radioaktiv markierte wäßrige Lösungen oder Salzschmelzen getaucht. An den Störstellen werden Radionuklide mehr oder weniger stark adsorbiert oder chemisch gebunden. Die lokale Verteilung der Radionuklide wird auf autoradiographischem Wege sichtbar gemacht. Der Nachteil dieses Verfahrens, das auch auf andere Werkstoffe übertragbar ist, besteht darin, daß nur Objekte oder Proben geringerer Abmessungen untersucht werden können und viele Faktoren das Verfahren beeinflussen wie der *p*H-Wert der Lösung, die Temperatur, die chemische Zusammensetzung des Werkstoffes u. a. Im folgenden wird ein einfaches und universelles radiotracertechnisches Verfahren zur Bewertung der Oberflächengüte von Werkstoffen jeglicher Materialart beschrieben [6].

2. Beschreibung der Methode

Die zu prüfende Oberfläche wird mit einer radioaktiv markierten Paste so gespachelt oder abgezogen, daß die Unebenheiten vollständig mit ihr ausgefüllt werden, die ungestörte Oberfläche aber frei von Paste bleibt. Entsprechend der Größe der Unebenheiten der Oberfläche wird auf diese Weise mehr oder weniger Paste aufgetragen. Da nun die Masse einer homogen radioaktiv markierten Paste proportional der Aktivität ist, sind die Zählraten solcher mit radioaktiver Paste behandelten Proben ihren Oberflächenunebenheiten proportional.

Werden der zu untersuchende Werkstoff und eine Vergleichsprobe des gleichen Werkstoffs, deren Oberflächengüte bekannt ist bzw. für den vorliegenden Verwendungszweck als Norm gilt, in gleicher Weise mit Paste behandelt, so kann aus den gemessenen Zählraten gleich großer Flächen ein Wert für die Oberflächengüte des untersuchten Werkstoffes bezogen auf die der Vergleichsprobe, also eine relative Oberflächengüte ermittelt werden.

Durch autoradiographische Aufnahmen können auch Verteilung, Art und Ausmaß der Oberflächenschäden abgebildet werden. Als Grundmaterial zur Herstellung der Pasten eignen sich je nach dem zu prüfenden Material Fotoklebepaste, Alkydharzspachtel, Latexbindemittel u. a. Die Auswahl erfolgt nach dem Haftvermögen der Paste auf der zu prüfenden Oberfläche. Zur Markierung der Paste werden vor allem kurzlebige Radionuklide wie ^{113m}In

[1]) Anschrift: 7050 Leipzig, Permoserstr. 15

($t_{1/2}$: 1,7 h), ^{99m}Tc ($t_{1/2}$: 6,0 h) oder ^{131}I ($t_{1/2}$: 8,05 d) vorgeschlagen; aber auch eine Markierung mit dem reinen β-Strahler ^{35}S ($t_{1/2}$: 87,4 d) ist möglich. Zur Gewinnung von ^{113m}In und ^{99m}Tc werden die handelsüblichen Radionuklidgeneratoren genutzt.

Die zu prüfenden Werkstoffe können aus Metall, Plaste, Keramik, Glas usw. bestehen. Es kann sich sowohl um große Aggregate, als auch um kleine Teile handeln. Die Oberflächengüte des Prüflings η_p, bezogen auf die Oberflächengüte einer Vergleichsprobe η_v, wird als relative Oberflächengüte η_{rel} bezeichnet und nach Gleichung (1) berechnet.

$$\eta_{rel}\,[\%] = \frac{\eta_p}{\eta_v} \cdot 100 \qquad (1)$$

Da die Oberflächengüte umgekehrt proportional der Zählrate ist, gilt

$$\eta_{rel}\,[\%] = \frac{Z_v}{Z_p} \cdot 100 \qquad (2)$$

Gleichung (2) gilt unter der Voraussetzung, daß $Z_v > 0$ und $Z_v \leqq Z_p$. Die Zählraten Z_v und Z_p sind natürlich unter gleichen Bedingungen zu ermitteln.

3. Experimentelle Ergebnisse

Zur Prüfung der vorgeschlagenen Methode wurden Prüflinge mit einer definierten Oberflächenschädigung aus verschiedenen Materialien wie Aluminium, Kupfer, Stahl, Hart-PVC und Piakryl angefertigt. Die Schädigung erfolgte durch Bohren von Löchern ($d < 0,5$ mm) oder durch Einritzen von Mikrorillen. Als Prüfpaste wurden Mischungen aus 3 g PVAC-Bindemittel, 6 g Schlämmkreide und 1 ml Eluat eines ^{113}Sn/^{113m}In-Generators (~ 2 MBq) oder solche aus 3 g Fotoklebepaste, 2 g Schlämmkreide und 1 ml Eluat eines ^{99}Mo/^{99m}-TcGenerators (~ 2 MBq) verwendet. Auf die Prüflinge und die ungeschädigten Vergleichsproben wurde wie bereits beschrieben die Prüfpaste aufgetragen. Überschüssige Paste läßt sich mit einer Spachtelklinge, über die feuchtes Filterpapier gelegt ist, entfernen. Mit Hilfe einer Szintillationsmeßanordnung wurden die Zählraten sowohl der Vergleichsproben Z_v als auch der Prüflinge Z_p ermittelt. Die Meßfeldgröße betrug ~ 5 cm². Ausgewählte Beispiele sind in Tab. 1 zusammengestellt. Abb. 1 zeigt die Proportionalität von gemessener Impulsrate und Anzahl der Löcher der Prüflinge. Die Wiederholstandardabweichung des Meßergebnisses einer Probe liegt bei 5%.

Tab. 1. Beispiele zur Bestimmung der relativen Oberflächengüte von Aluminium- und Hart-PVC-Prüflingen

Material	Schädigung	Zählrate Imp./min	Zählrate/ 10 Löcher bzw. Zählrate/ 5 Rillen	η_{rel} %
Aluminium	0 Löcher	485	–	–
	10	1907	1422	25,4
	20	3219	1367	15,1
	30	4880	1465	9,9
	40	6073	1397	8,0
	50	7730	1449	6,3
	60	9503	1503	5,1
	70	10586	1443	4,6
	80	11525	1380	4,2
	90	13904	1491	3,5
	100	15265	1478	3,2
Hart-PVC	0 Löcher	673	–	–
	10	3018	2345	22,3
	30	7303	2210	9,2
	50	12768	2419	5,3
	70	16892	2317	4,0
	90	22192	2391	3,0
Hart-PVC	0 Rillen	689	–	–
	5	3029	2340	22,7
	10	5479	2395	12,6
	15	7669	2326	9,0
	20	9813	2281	7,0
	25	12749	2412	5,4

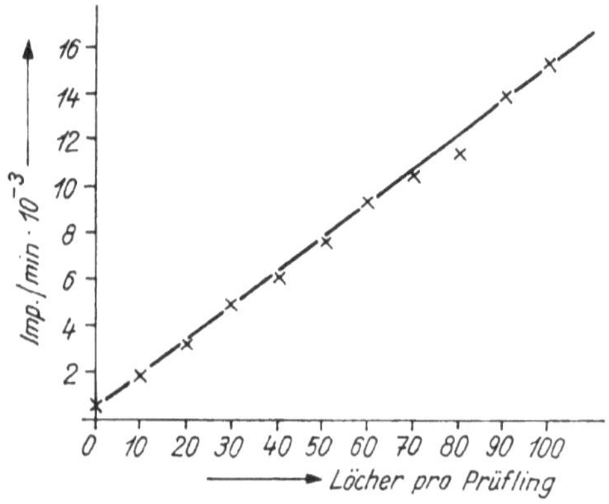

Abb. 1. Abhängigkeit der Zählrate von der Anzahl der Löcher

4. Schlußfolgerungen

Die vorgeschlagene Tracermethode eignet sich zur Bewertung der Oberflächengüte von Werkstoffen aller Art und unterschiedlichster Größe. Bei entsprechender spez. Aktivität der Prüfpaste lassen sich noch Unterschiede zwischen der Oberflächengüte der Vergleichsprobe und des Prüflings von 4% mit 95%iger statistischer Sicherheit feststellen. Durch Anwendung der kurzlebigen Radionuklide ^{99m}Tc und ^{113m}In werden keine langanhaltenden Kontaminationen verursacht. Bei Einsatz des ^{113}Sn/^{113m}In-Generators ist das ^{113m}In entsprechend der Halbwertszeit des ^{113}Sn von 118 d über Monate täglich verfügbar.

Eingegangen am 3. 5. 1984

Literatur

[1] *H. Czichos*, VDI-Z **124** (1982) 551
[2] TGL 0470
[3] *F. Grünwald*, Fertigungsverfahren in der Gerätetechnik, Berlin: VEB Verlag Technik 1980, S. 22 ff.
[4] *G. Frommeyer, H. J. Söller*, Metalloberfläche **33** (1979) 12 u. 19
[5] *G. Boden, E. Richter, W. Hinz*, Silikattechnik **32** (1981) 247
[6] *P. Hecht, H. G. Könnecke, R. Otto*, WP G01B/255 559.8 v. 11. 10. 1983

Isotopenpraxis 21 (1985) 2, S. 51 bis 53

Transit Time Measurements in Technical Plants by Using a Multichannel Analyser*)

H.-H. Deicke[1]), *J. Flachowsky*[1]), *K.-P. Rudolph*[1]), *N. Beiermann*[2])

([1]) Academy of Sciences of the GDR, Central Institute for Isotope and Radiation Research; [2]) Institue of Fuels)

The radioactive tracer technique is a possible means of obtaining flow rates. The principle is very simple: ^{113m}*In labelled single grains will be injected upstream into the flow individually at determined sequences of time. Its transit time between two positions of a known distance is measured, generally using scintillations detectors coupled with a special limit value switch, controling a short time meter in the first case. In the other case or simultaneously a multichannel analyser (NTA-1024) in multiscaling mode online coupled with a programmable calculator (EMG-666) was used. In this way it is possible to measure transit times* < 1 *s or flow rates* > 5 *m/s. The relative error of this measurement is less than 1%. The measuring system and some experimental results are represented.*

Die Tracertechnik mit radioaktiven Isotopen ist eine geeignete Methode, um Strömungsgeschwindigkeiten zu messen. Mit ^{113m}*In markierte kugelförmige Körner werden stromaufwärts, nacheinander, einzeln, nach frei vorwählbaren Zeitabständen in den Förderstrom eingeschossen. Die Durchlaufzeit zwischen 2 Meßstellen definierten Abstandes dient als Förderstrommeßgröße. Zur Bestimmung der Durchlaufzeit wurde sowohl ein Grenzwertschalter mit Kurzzeitmesser als auch ein Vielkanalanalysator im „Multiscaling"-Betrieb, gekoppelt mit einem programmierbaren Tischrechner benutzt. Im letzteren Fall ist es möglich, Zeiten* < 1 *s oder Fließgeschwindigkeiten* > 5 *m/s in dichten Förderströmen zu messen. Der relative Fehler ist* < 1%*. Das Meßsystem und einige experimentelle Resultate werden vorgestellt.*

Keywords

accuracy; flow rate; phase velocity; radioisotopes; radiometers; tracer techniques

1. Introduction

It is difficult to investigate the flow rate of polyphase flows, especially of a two-phase gas-solid flow at high mass loading, used for example in cement mills, chemical industry, refining brown coal or dressing of ore.

Conventional methods to measure flow rates of solid phases in polyphase flows fail (Pitot tube or hot wire). Optical (including laser) or acoustical devices do not in every case give a correct value. Methods for indirect measurement (frictional electricity or variation of capacity) are dependent on system, they must be calibrated and frequently require recalibration while working.

Up to now published tracer techniques [1 – 3] with radioisotopes apply the dosing of a pinck of radioactive particles upstream in the flow promptly, or they admixture radioactive particles to the solid matter before the transport in such a way, that single grains pass the measuring section in stochastic distribution. Therefore it is impossible to determine the transit time directly and to use measuring data for controlling or regulating processes. This is valid especially for transit times < 1 s, flow rates > 4 m/s, mass concentration > 200 kg/m^3 and feed pressures > 1 MPa. We intend to demonstrate one of the possibilities to avoid the disadvantages mentioned. In this method radioactive labelled single grains are injected. The transit time is measured by a special simple two-point measuring device, supplying the real transit time directly. This method was checked by means of a multichannel analyser in multiscaling mode.

*) Presented at the 2nd Working Meeting "Radioisotope Application and Radiation Processing in Industry" 28th September to 1st October 1982, Leipzig

Addresses: [1]) GDR-7050 Leipzig, Permoser Str. 15; [2]) GDR-9200 Freiberg, Halsbrücker Str. 34

2. Experimental

All measurements are performed by feed pressures between 2·3 MPa and 2·8 MPa, velocities between 4 m/s and 15 m/s and mass concentrations between 150 kg/m^3 and 450 kg/m^3. To avoid differences in velocity between radioactive grains and solid matter in the gas-solid flow, the particles should have the same density as the solid matter (in this case we used nearly spherical zeolithe). It becomes evident that the diameter of grains should be between 2·2 mm and 2·4 mm. ^{113m}In was selected as radioisotope labelling zeolithe grains. ^{113m}In, which emits 0·39 MeV γ-rays with a halflife of 100 minutes, is elegantly prepared by separation from its mother ^{113}Sn (half-life 115 d) in an isotope generator; the whole labelling operation takes about 1 hour. The activities amount to a few MBq per grain.

The two-phase gas-solid flow was conveyed in a vertical pipeline upstream (Fig. 1). A distance of 10 m was used as measuring section limited by two scintillation detectors, shielded by 20 mm of lead. The splice point of the dosing plant was 4 m below the lower detector. The injection tube contained a ball cock to separate the dose unit from the feed pressure during loading the radioactive grains. The injection tube was connected with a scavenging gas source having a pressure somewhat higher than feed pressure. The quantity of gas was limited by two orifice plates. Above the injection tube the dose unit containing nearly 100 radioactive grains was installed. By means of this dose unit (Fig. 2) it is possible to inject single grains into the flow individually.

The well known measuring arrangement i. e. detector — amplifier — discriminator for each of both measuring points was connected with only one ratemeter to eliminate the differences between the timing constants, if using two ratemeters. The ratemeter was coupled directly with

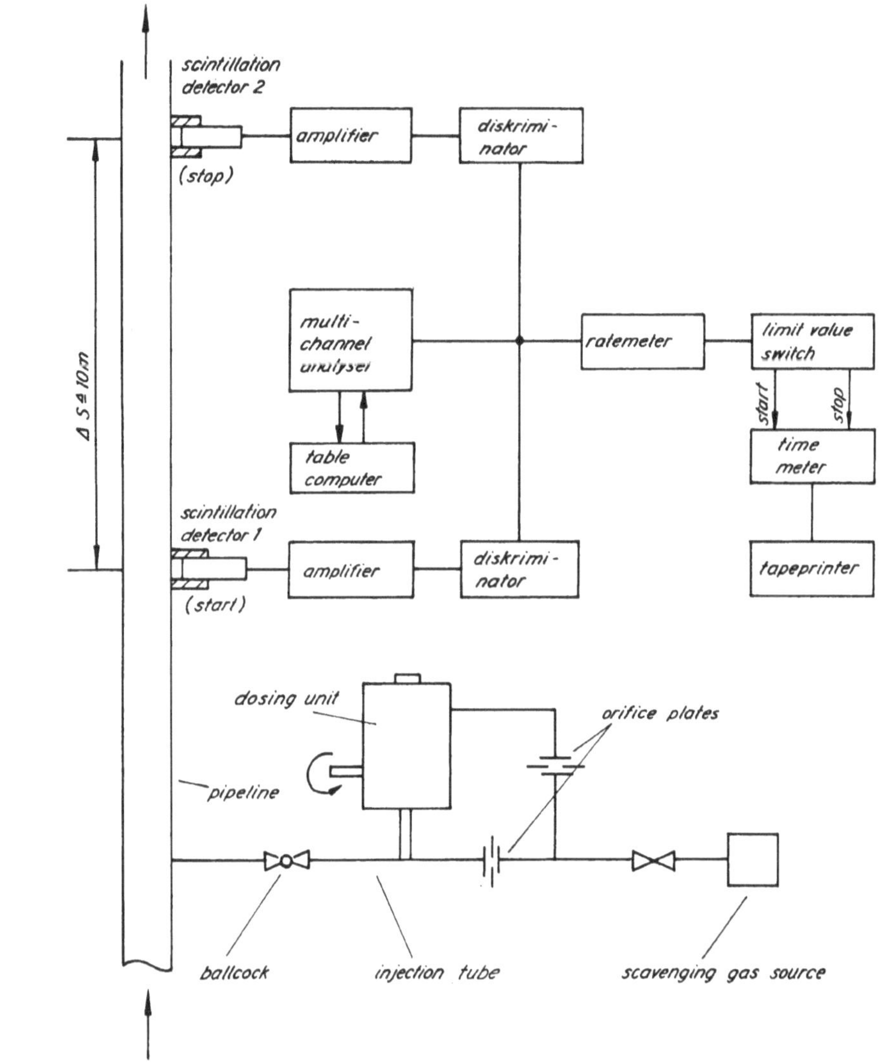

Fig. 1. Experimental arrangement for measuring of transit time

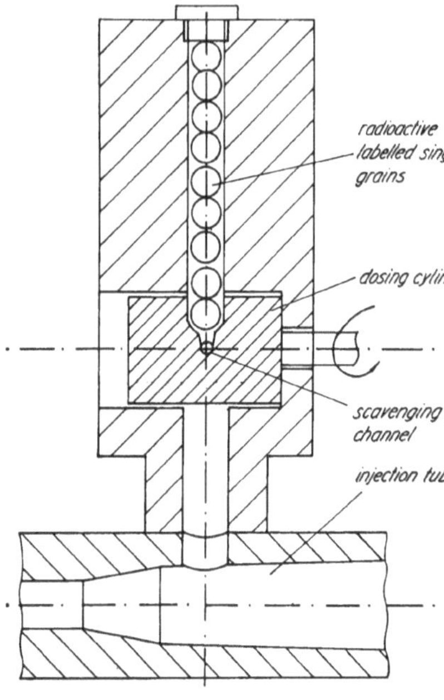

Fig. 2. Dosing unit

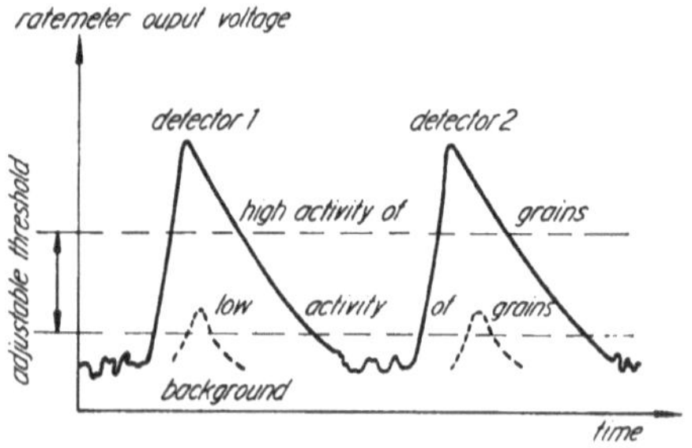

Fig. 3. Ratemeter output signals (schematic)

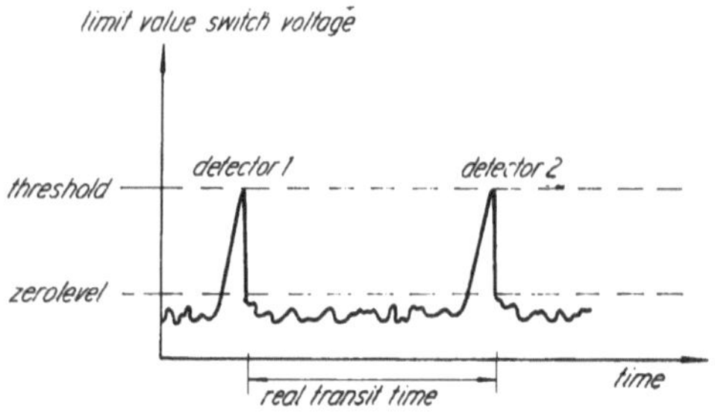

Fig. 4. Function of the zero-level-circuit (schematic)

a special limit value switch, which had to solve the following problems:

1. Adjustment of a lower threshold to discriminate background. The threshold is continuously adjustable appropriately to activities of radioactive grains (Fig. 3).
2. Starting a digital short time meter after first exceeding the threshold and stopping after the next exceeding of the same.
3. Adjustment of a zero-level corresponding to the background. This is necessary to move down the voltage, applied on the integration circuit of the ratemeter, in the moment of first exceeding the threshold after the radioactive grain has passed the start detector (Fig. 4). If the level is not moved down, overlapping of the pilot pulse and the stop pulse at shorter transit times may be possible, implying considerable error in time measurement. In unfavourable cases there is no stop pulse generated (Fig. 5).
4. Blocking the start detector for some time to prevent sequential pulses in case of damaging one of the radioactive grains. Otherwise the first part of a damaged grain would start the digital time meter and the next part of it would stop it (Fig. 6).
5. Reset equipment ready for start, if no stop pulse is coming within 10 s.

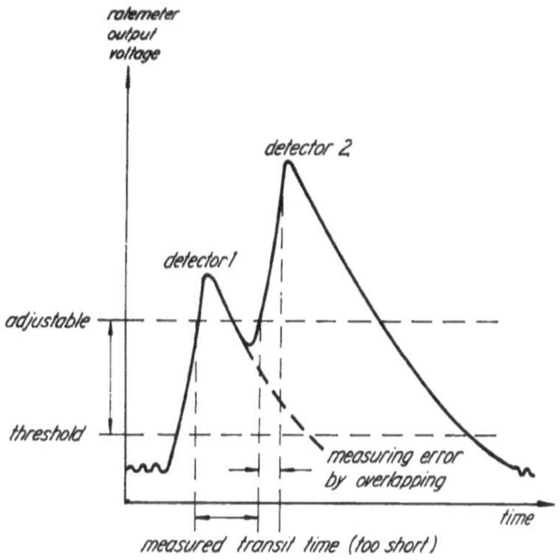

Fig. 5. Overlapping of pulses at shorter transit times

The measured time was printed out by a tape printer. All of the used equipments without the limit value switch are marketable.

A multichannel analyser system, online coupled by a programmable table computer, was used to examine the described procedure. The multichannel analyser was a NTA-1024 type, the computer, was an EMG-666 type, all made in Hungary. The multichannel analyser was operating in multiscaling mode, using dwell-times of 2 ms at transit times < 1 s and 5 ms at transit times > 1 s.

A special computer program was made, using parts of existing programs written by co-workers of Works for Electronic Measurement Gear, Budapest. The program will start the multiscaler after injection of the radioactive grain. After stopping the measurement, the program will find the peaks by correlating the measured values, stored in the analyser, with a Gauss function generated with a

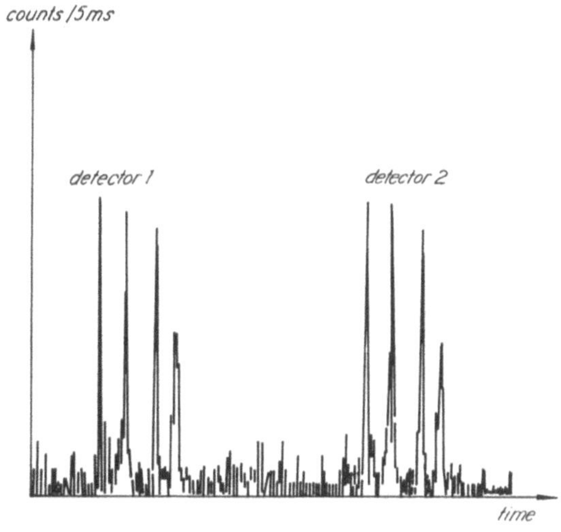

Fig. 6. Passage of a damaged grain

fullwidth maximum-heights value specified in advance. Where the value of correlation is > 0, it indicates a peak and stores its address in the memory. The transit time is given by the difference of the stored addresses of the maximae of peaks, multiplied with the dwell-time.

3. Results

The measured flow rates were ranging from 5 m/s to 15 m/s. The selected dwell-time is the lower limit for the resolution of time in the multiscaling system. Therefore it will be seen, that the inaccuracy of measurement is $< 1\%$ in every case. The comparison between the two methods of measurement yielded an average deviation of about 6 ms for 250 single measurements. This value is $< 1\%$ of every measured transit time, too. The obtained measuring results are indicating that the selected method is very suitable as calibration method for other measuring methods. However, the method is unsuitable as a routine method for controlling or regulating because

- it is possible to use radiotracer with short half-life only; using longlife radioisotopes observing the instructions of radiological safety is problematical.
- The procedure of labelling grains is too expensive and the needed quantity of radioactivity is too high considering that it is necessary to measure the transit time every 10 to 20 s.

The dosing unit must be loaded every 30 to 40 minutes. The results of measurements will demonstrate that the used simple two-point method using the special limit value switch delivers transit times in technical plants with sufficient accuracy, indeed. With the multiscaling system it is possible to get a time resolution of 1 ms or better, using a multiscaler with a 4096-word memory.

Received March 26, 1984

References

[1] *R. M. Hours*, Note technique DR-TAAR/RH-FM No. 595 (Dec. 1973) C.A.E., Saclay, France

[2] *R. M. Hours*, C. P. Chen, Proc. of Pneumotransport 3, Paper B 3, Bath (UK), 1976

[3] *R. P. Garduer, J. W. Dunn III*, Int. J. Appl. Rad. Isotopes 15 (1964) 339

Isotopenpraxis **21** (1985) 2, S. 54 bis 57

Zur Erkennung schwacher Impulse in Kernstrahlungsmeßreihen

G. Kummer

(Zentralinstitut für Isotopen- und Strahlenforschung der Akademie der Wissenschaften der DDR)[1]

Es wird ein Verfahren angegeben, mit dessen Hilfe in nichtstationären Zeitreihen, bei denen die Zufallsgrößen poissonverteilt sind, isolierte schwache Impulse erkannt werden können. Für die hierbei zu treffenden Entscheidungen, ob ein Meßwert zum Untergrund oder zu einem Impuls gehört, wird ein Kriterium vorgeschlagen. Die Leistungsfähigkeit des Verfahrens wird für verschiedene Impulsformen und Parameterkombinationen an rechnersimulierten Zeitreihen dargestellt.

A method for the detection of low-energy pulses in non-steady time series, in which the random variables have a Poisson distribution, is proposed. A criterion for the decision is given, whether a value belongs to the background or to the pulse. The efficiency of the method is demonstrated on simulated time series.

Keywords

computer calculations; ionizing radiations; signals; statistics; stochastic processes

1. Einleitung

Bei einer Vielzahl von wissenschaftlichen und technischen Untersuchungen werden in äquidistanten Zeitpunkten $t_i = t_0 + i \cdot \Delta t$ $(i = 1, 2, \ldots)$ Kernstrahlungsmessungen an einem System durchgeführt. Im Ergebnis eines solchen Meßvorganges liegt eine Folge von Daten

$$\{k_i : i = 1, 2, \ldots\} \qquad (1)$$

vor, die als Zeitreihe bezeichnet wird und als Realisierung eines diskreten stochastischen Prozesses $\{X_i : i = 1, 2, \ldots\}$ aufgefaßt werden kann [1–3]. Hierbei besitzen die Zufallsgrößen X_i auf Grund der statistischen Eigenschaften der ionisierenden Strahlung eine *Poisson*verteilung

$$P(X_i = k; \lambda_i) = p(k, \lambda_i) = \frac{\lambda_i^k}{k!} e^{-\lambda_i} \; ; \quad k = 0, 1, 2, \ldots \qquad (2)$$

mit dem Parameter $\lambda_i > 0$ [4,5]. Für den Erwartungswert $E(X_i)$ und die Dispersion $D^2(X_i)$ einer Zufallsgröße mit der Verteilung (2) gilt $E(X_i) = D^2(X_i) = \lambda_i$.

Befindet sich das zu untersuchende System in einem Gleichgewichtszustand, so gilt für die Mittelwertfunktion

$$\mu(t_i) = E(X_i) = \sum_{k=0}^{\infty} k \cdot p(k; \lambda_i) = \lambda_u \qquad (3)$$

(λ_u konst.). Wird das System durch gezielte Einwirkungen oder durch nichtkontrollierbare Einflüsse aus dem Gleichgewichtszustand gebracht und kehrt nach einer gewissen Zeit in diesen zurück, so ist in bestimmten Indexbereichen $B_h = \{i : i_a^{(h)} \leq i \leq i_e^{(h)}\}$ die Bedingung (3) nicht erfüllt. Jede solche lokale Abweichung von der Bedingung (3) wird als Impuls und der zugehörige Indexbereich B_h als Impulsbereich bezeichnet. Im weiteren werden nur solche Zeitreihen (1) betrachtet, bei denen die entsprechenden Zufallsgrößen X_i poissonverteilt und die Impulsbereiche B_h beschränkt und zueinander disjunkt sind.

In der Literatur zur Verarbeitung stochastischer Signale in Systemen geht man häufig von bestimmten Eigenschaften aus, wie z.B. Stationarität, additive Überlagerung von Signalen und vom Rauschen bzw. normalverteilten Zufallsgrößen [1, 6, 7]. Die hier zu untersuchenden Zeitreihen sind aber Realisierungen nichtstationärer Impulsprozesse [8–10]. Die Anwendung statistischer Tests (z.B. t-Test) ist ebenfalls nicht möglich, da diese von normalverteilten Zufallsgrößen ausgehen [5].

Die Gesamtheit der Indices, für die die Bedingung (3) erfüllt ist, heißt Untergrund und die Folge der Werte

$$c_h(i) = E(X_i) - \lambda_u \; ; \qquad i \in B_h \qquad (4)$$

wird Impulscharakteristik des h-ten Impulses genannt. Für diese soll stets $c_h(i) > 0$ gelten. Impulse mit dieser Eigenschaft heißen positive Impulse.

In vielen Fälllen ist die Erkennung von Impulsen in Zeitreihen mit den genannten Eigenschaften problemlos. In Abb. 1 ist als Beispiel der Ausschnitt einer Zeitreihe mit einem Rechteckimpuls der Höhe $\lambda_p - \lambda_u$ ($\lambda_p = 20$, $\lambda_u = 10$) angegeben. Hierbei überlagern sich die zugehöri-

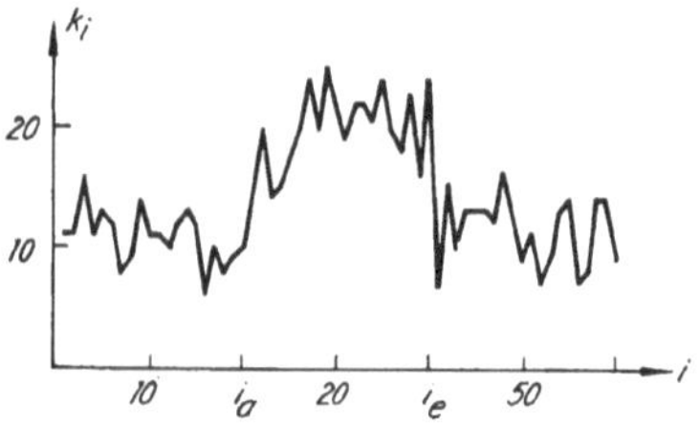

Abb. 1. Ausschnitt aus einer Zeitreihe mit einem gut erkennbaren Rechteckimpuls ($\lambda_p = 20$, $\lambda_u = 10$)

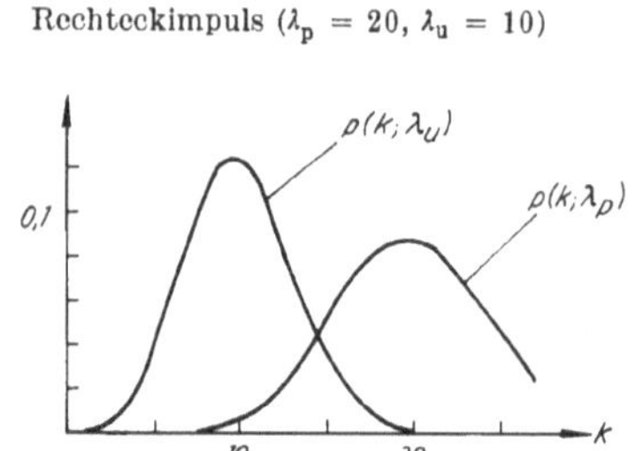

Abb. 2. *Poisson*verteilungen $p(k;\lambda_p)$ und $p(k;\lambda_u)$ für $\lambda_p = 20$ und $\lambda_u = 10$

[1]) Anschrift: 7050 Leipzig, Permoserstr. 15

gen Wahrscheinlichkeitsdichten (2) $p(k;\lambda_p)$ und $p(k;\lambda_u)$ wenig (vgl. Abb. 2). Für positive Impulse kann man durch

$$\mathrm{Int}(B_h) = \sum_{i \in B_h} c_h(i) \tag{5}$$

ein Maß für die Intensität des Impulses einführen. Als schwach wird man dann diejenigen Impulse ansehen, für die mit $M(B_h) = i_e^{(h)} - i_a^{(h)} + 1$ die Größe $\mathrm{Int}(B_h)/M(B_h)$ klein ist. Treten in Zeitreihen schwache Impulse auf, ist eine Erkennung und Lokalisierung solcher Impulse schwierig. In Abb. 3 ist als Beispiel der Ausschnitt einer Zeitreihe mit einem schwachen Rechteckimpuls der Höhe $\lambda_p - \lambda_u$ ($\lambda_p = 13$, $\lambda_u = 10$) angegeben. Die zugehörigen Wahrscheinlichkeitsdichten (2) überlagern sich stark (vgl. Abb. 4), und man sieht, daß die Höhe des Rechteckimpulses kleiner ist als die Streuung $\sqrt{D^2(X_i)}$ für $E(X_i) = \lambda_u$.

Im folgenden wird ein Verfahren angegeben, mit dessen Hilfe in Zeitreihen (1) isolierte schwache Impulse erkannt werden können. Hierbei besteht das Erkennen in der Bestimmung der Impulsbereiche B_h.

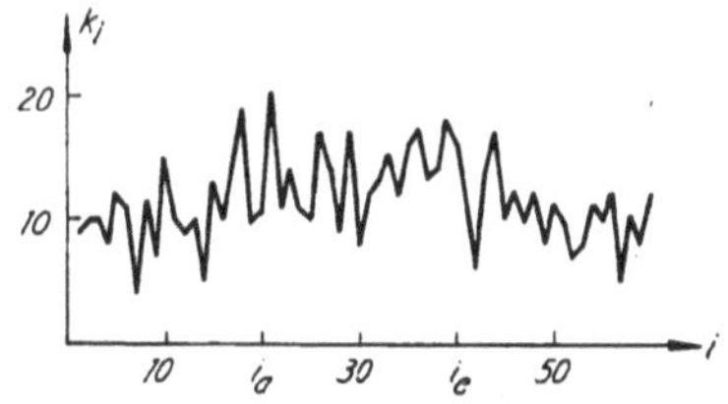

Abb. 3. Ausschnitt aus einer Zeitreihe mit einem schlecht erkennbaren Rechteckimpuls ($\lambda_p = 13$, $\lambda_u = 10$)

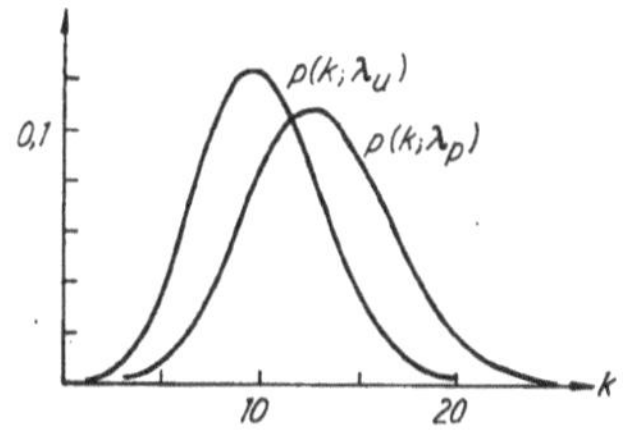

Abb. 4. *Poisson*verteilungen $p(k;\lambda_p)$ und $p(k;\lambda_u)$ für $\lambda_p = 13$ und $\lambda_u = 10$

2. Verfahren (1. Schritt)

Wir gehen von einer Zeitreihe (1) mit den genannten Eigenschaften aus. Für jeden Index i führen wir dann mit Hilfe der $N = 2n + 1$ Meßwerte $k_{i-n}, \ldots, k_{i+n}$ aus der Umgebung von i eine Entscheidung durch, ob der Index i zum Untergrund gehört oder nicht. Dazu werden zwei Hypothesen aufgestellt:

H_0: der Index i gehört zum Untergrund
H_1: der Index i gehört zu einem Impulsbereich B_h.

Die Hypothese H_1 wird dann gewählt, wenn für die bedingten Wahrscheinlichkeiten

$$P(H_1 \mid X_{i-n} = k_{i-n}, \ldots, X_{i+n} = k_{i+n}) > P(H_0 \mid X_{i-n} = k_{i-n}, \ldots, X_{i+n} = k_{i+n}) \tag{6}$$

ist. Bezeichnet $P(H_0)$ bzw. $P(H_1)$ die Wahrscheinlichkeit, daß die Hypothese H_0 bzw. H_1 wahr ist, und gilt weiter

$$P(X_{i-n} = k_{i-n}, \ldots, X_{i+n} = k_{i+n}) = p(k_{i-n}, \ldots, k_{i+n})$$
$$P(X_{i-n} = k_{i-n}, \ldots, X_{i+n} = k_{i+n} \mid H_0) = p_0(k_{i-n}, \ldots, k_{i+n})$$
$$P(X_{i-n} = k_{i-n}, \ldots, X_{i+n} = k_{i+n} \mid H_1) = p_1(k_{i-n}, \ldots, k_{i+n})$$

so ergibt sich

$$P(H_0 \mid X_{i-n} = k_{i-n}, \ldots, X_{i+n} = k_{i+n}) = \frac{P(H_0) \cdot p_0(k_{i-n}, \ldots, k_{i+n})}{p(k_{i-n}, \ldots, k_{i+n})}$$

und

$$P(H_1 \mid X_{i-n} = k_{i-n}, \ldots, X_{i+n} = k_{i+n}) = \frac{P(H_1) \cdot p_1(k_{i-n}, \ldots, k_{i+n})}{p(k_{i-n}, \ldots, k_{i+n})}$$

Setzt man diese Beziehungen in (6) ein, so wird H_1 dann gewählt, wenn

$$P(H_1) \cdot p_1(k_{i-n}, \ldots, k_{i+n}) > P(H_0) \cdot p_0(k_{i-n}, \ldots, k_{i+n}) \tag{7}$$

gilt. Nun ist aber bei Annahme der Unabhängigkeit der Zufallsgrößen X_i

$$p_0(k_{i-n}, \ldots, k_{i+n}) = \prod_{j=i-n}^{i+n} \frac{(\lambda_u)^{k_j}}{k_j!} \cdot e^{-\lambda_u}$$

und

$$p_1(k_{i-n}, \ldots, k_{i+n}) = \prod_{j=i-n}^{i+n} \frac{(\lambda_j)^{k_j}}{k_j!} \cdot e^{-\lambda_j}$$

Bei der Betrachtung von schwachen Impulsen ist die genaue Kenntnis der Impulscharakteristik (4) nicht wesentlich und man kann näherungsweise $\lambda_j = \lambda_p$ (λ_p konst.) setzen. Damit wird die letzte Beziehung

$$p_1(k_{i-n}, \ldots, k_{i+n}) = \prod \frac{(\lambda_p)^{k_j}}{k_j!} e^{-\lambda_p}\,.$$

Aus (7) wird dann

$$\frac{P(H_1)}{P(H_0)} \cdot \left(\frac{\lambda_p}{\lambda_u}\right)^{\sum k_j} \cdot e^{-N(\lambda_p - \lambda_u)} > 1$$

und hieraus

$$\sum k_j > \frac{N \cdot (\lambda_p - \lambda_u) - \ln [P(H_1)/P(H_0)]}{\ln \lambda_p - \ln \lambda_u}$$

Der Term $\ln [P(H_1)/P(H_0)]$, der die Häufigkeit des Auftretens von Impulspunkten in der Zeitreihe charakterisiert, ist klein im Vergleich zu $N \cdot (\lambda_p - \lambda_u)$ und kann deshalb vernachlässigt werden. Es wird also für den Index i die Hypothese H_1 gewählt, wenn

$$\sum_{j=i-n}^{i+n} k_j > N \cdot \frac{\lambda_p - \lambda_u}{\ln \lambda_p - \ln \lambda_u}$$

gilt. Damit wird der Zeitreihe (1) durch die Schwelle

$$\gamma_1 = N \cdot \frac{\lambda_p - \lambda_u}{\ln \lambda_p - \ln \lambda_u} \tag{8}$$

eine Binärfolge $\{l_i\colon i = n+1, n+2, \ldots\}$ mit

$$l_i = \begin{cases} 0; & \sum_{j=i-n}^{i+n} k_j \leqq \gamma_1 \\ 1; & \sum k_j > \gamma_1 \end{cases} \tag{9}$$

zugeordnet. Wie man leicht sieht, gilt $\lambda_u < \gamma_1 < \lambda_p$.

Für die Wahl des in (8) noch auftretenden Parameters N, d. h. für die Größe der Umgebung des Punktes i, kann folgende Betrachtung angestellt werden. Ausgehen von der Unabhängigkeit der poissonverteilten Zufallsgrößen X_i besitzt auch

$$Y_i = \sum_{j=i-n}^{i+n} X_j$$

eine *Poisson*verteilung (2) mit

$$E(Y_i) = \sum \lambda_j$$

Mit der Näherung $\lambda_j = \lambda_p$ gibt es für $N \leqq M(B_h)$ stets einen Index i mit $E(Y_i) = N \cdot \lambda_p$. Für $N > M(B_h)$ gilt für alle Indizes $i\, E(Y_i) < N \cdot \lambda_p$. Gehören alle Indizes j dem Untergrund an, so erhält man analog zur obigen Überlegung die Beziehung $E(Y_i) = N \cdot \lambda_u$. Somit hat man für alle $N \leqq M(B_h)$ eine maximale Trennbarkeit zwischen Untergrund- und Impulspunkten. Da der Variationskoeffizient

$$\frac{\sqrt{D^2(Y_i)}}{E(Y_i)}$$

der ein Genauigkeitsmaß darstellt, für einen Impuls $[N \cdot \lambda_p]^{-1/2}$ ist und damit für wachsendes N monoton fällt, ist $N = M(B_h)$ zu wählen.

3. Verfahren (2. Schritt)

Die im Ergebnis des ersten Verfahrenschrittes entstehende Binärfolge $\{l_i: i = n + 1, \ldots\}$ kann ebenfalls als Realisierung eines stochastischen Prozesses $\{L_i: i = n + 1, \ldots\}$ aufgefaßt werden. Es ist z.B. die Wahrscheinlichkeit, daß $L_i = 1$ ist, wenn für alle X_j aus der Umgebung von $i\; E(X_j) = \lambda_u$ gilt

$$\varepsilon_0 = \sum_{r > [\gamma_1]} \frac{(N \cdot \lambda_u)^r}{r!} \cdot e^{-N \cdot \lambda_u} = \frac{1}{[\gamma_1]!} \cdot \int_0^{N \cdot \lambda_u} e^{-t} \cdot t^{[\gamma_1]}\, dt \quad (10)$$

Analog ergibt sich die Wahrscheinlichkeit dafür, daß $L_i = 1$ ist, wenn für alle X_j aus der Umgebung von $iE(X_j) = \lambda_p$ angenommen wird, zu

$$\varepsilon_1 = \sum_{r > [\gamma_1]} \frac{(N \cdot \lambda_p)^r}{r!} e^{-N \cdot \lambda_p} = \frac{1}{[\gamma_1]!} \cdot \int_0^{N \cdot \lambda_p} e^{-t} \cdot t^{[\gamma_1]}\, dt \quad (11)$$

Damit treten aber in $\{l_i : i = n + 1, \ldots\}$ Störungen auf, die ein Erkennen von schwachen Impulsen noch erschweren. Diese zufälligen Störungen äußern sich insbesondere in

- dem Auftreten von Einsen im Untergrund,
- dem Auftreten von Nullen in Impulsbereichen und
- dem häufigen Auftreten von Null-Eins-Wechseln an den Grenzen der Impulsbereiche.

Es muß auf die Folge $\{l_i\}$ also noch ein Glättungsverfahren angewandt werden. Hierfür wurde die gleitende Summierung mit anschließender Entscheidung durch eine zweite Schwelle γ_2 gewählt. Betrachtet man zunächst nur Untergrundpunkte, so ist

$$Z_i = \sum_{j=i-n}^{i+n} L_j$$

bei Annahme der Unabhängigkeit aller L_j eine Zufallsgröße mit der Binomialverteilung

$$\left.\begin{aligned} &P(Z_i = z; \varepsilon_0) = \binom{N}{z} \cdot \varepsilon_0^z \cdot (1 - \varepsilon_0)^{N-z}\,; \\ &z = 0, 1, \ldots, N \end{aligned}\right\} \quad (12)$$

Hierbei ergibt sich der Parameter ε_0 aus (10). Unter der gleichen Annahme wie oben besitzt Z_i die Binomialverteilung (12) mit dem Parameter ε_1 aus (11), wenn alle Indizes j zu einem Impulsbereich gehören. Die Erwartungswerte der Zufallsgröße Z_i für den Untergrund bzw. einen Impulsbereich ergeben sich aus (12) zu $N \cdot \varepsilon_0$ bzw. $N \cdot \varepsilon_1$. Wählt man als zweite Schwelle

$$\gamma_2 = \frac{N}{2} \cdot (\varepsilon_0 + \varepsilon_1) \quad (13)$$

so kann damit der Folge $\{l_i\}$ eine weitere Binärfolge $\{m_q : q = 2n + 1, \ldots\}$

$$m_q = \begin{cases} 0; & \sum_{j=q-n}^{q+n} l_j \leqq \gamma_2 \\ 1; & \sum l_j > \gamma_2 \end{cases} \quad (14)$$

zugeordnet werden, in der die Erkennung schwacher Impulse durchgeführt wird. Für den Impulsbereich $B_h = \{i: i_a^{(h)} \leqq i \leqq i_e^{(h)}\}$ wird

$$i_a^{(h)} = q\,, \quad \text{wenn} \quad m_q = 1 \quad \text{und} \quad m_{q-1} = 0$$
$$i_e^{(h)} = r\,, \quad \text{wenn} \quad m_r = 1 \quad \text{und} \quad m_{r+1} = 0$$

gesetzt und die Impulslänge $M(B_h)$ berechnet. Ist diese kleiner als eine vorgegebene minimale Länge, so wird der Impuls ignoriert.

4. Rechnersimulierte Experimente

Um das Leistungsvermögen des angegebenen Verfahrens abschätzen zu können, wurde dieses auf rechnersimulierte Zeitreihen angewandt. Zunächst wurden zu dem Wert $\lambda_u = 10$ für den Untergrund in einem festen Indexbereich $B^* = \{i: i_a^* \leqq i \leqq i_e^*\}$ schwache Impulse in Form eines Rechtecks mit der Höhe $\lambda_p - \lambda_u$ addiert. Die sich damit für $i = 1, 2, \ldots$ ergebende Folge von Werten

$$\lambda_i = \begin{cases} \lambda_u\,; & i \notin B^* \\ \lambda_p\,; & i \in B^* \end{cases} \quad (15)$$

wurde als Folge der Erwartungswerte für die zu den Indizes i gehörenden Zufallsgrößen X_i angesehen. λ_p wurde als Parameter ($\lambda_p = 11, 12, \ldots, 20$) gewählt. Für die Intensität (5) dieser Impulse galt damit

$$\mathrm{Int}(B^*) = M(B^*)\,(\lambda_p - \lambda_u)$$

Mit einem Zufallszahlengenerator für die *Poisson*verteilung (2) wurde dann zu jedem $i = 1, 2, \ldots$ und dem dazugehörigen Erwartungswert (15) ein Wert k_i zufällig ausgewählt und auf die so entstandene Zeitreihe (1) das angegebene Verfahren angewandt. Als Ergebnis trat für jede Zeitreihe genau einer der drei folgenden Fälle ein:

a) Es wurde kein Impuls gefunden.
b) Es wurde genau ein Impuls gefunden.
c) Es wurden mehrere Impulse gefunden.

Im Fall b) wurde für den Impuls der Schwerpunkt

$$\eta = \tfrac{1}{2} \cdot (i_a^{(h)} + i_e^{(h)})$$

ermittelt und der Impuls als Ausreißer angesehen, wenn $\eta < i_a^*$ oder $\eta > i_e^*$ war.

Für jeden Wert $\lambda_p = 11, 12, \ldots, 20$ wurden 100 Zeitreihen mit genau einem Rechteckimpuls simuliert und für alle Zeitreihen, in denen genau ein Impuls erkannt wurde und dieser kein Ausreißer war, die empirische Standardabweichung

$$s = \sqrt{\frac{1}{\nu} \cdot \sum (\eta_i - \eta^*)^2 \cdot f_i}$$

errechnet. Hierbei bedeuten

ν — Anzahl der Zeitreihen, in denen genau ein Impuls erkannt wurde und dieser kein Ausreißer ist,
η^* — Schwerpunkt des Impulsbereiches B,
η_i — empirische Schwerpunkte,
f_i — Anzahl der Zeitreihen mit dem Schwerpunkt η_i.

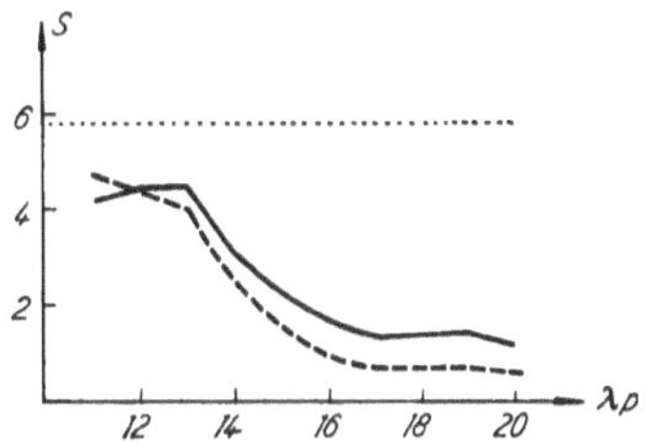

Abb. 5. Empirische Standardabweichung s der Schwerpunkte in Abhängigkeit von λ_p für Rechteckimpulse (———) und Dreieckimpulse (– – –) bei $\lambda_u = 10$

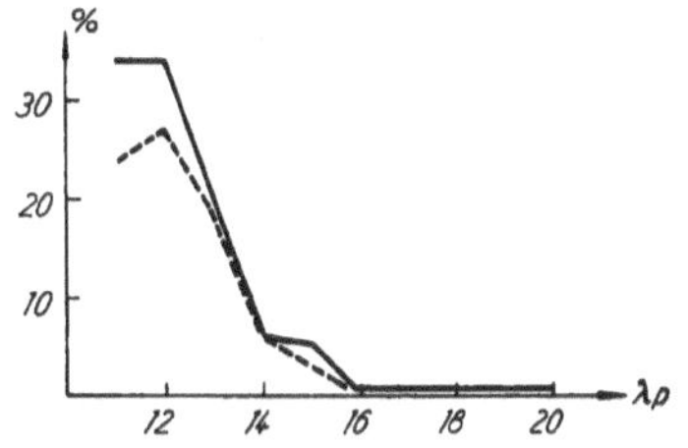

Abb. 6. Häufigkeit von Fehlerkennungen (in %) in Abhängigkeit von λ_p für Rechteckimpulse (———) und Dreieckimpulse (– – –) bei $\lambda_u = 10$

In der Abb. 5 ist s in Abhängigkeit von λ_p dargestellt. Die Linie (.......) stellt die empirische Standardabweichung für eine Gleichverteilung im Intervall $[i_a^*, i_e^*]$ dar. In Abb. 6 ist die Häufigkeit (in %) der Fehlerkennungen in Abhängigkeit von λ_p dargestellt. Hierbei liegt eine Fehlerkennung vor, wenn für eine Zeitreihe der Fall a) oder der Fall c) eingetreten ist oder wenn der erkannte Impuls ein Ausreißer ist.

In einer weiteren Versuchsreihe wurde als Impuls ein gleischschenkliges Dreieck mit der gleichen Impulslänge $M(B^*)$ wie im vorherigen Falle gewählt. Um die Ergebnisse beider Versuchsreihen vergleichbar zu machen, wurde $\mathrm{Int}(B^*)$ bei gleichem λ_p-Wert genauso groß gewählt wie im Fall der Rechteckimpulse. Damit ergab sich für die Höhe des Dreiecks $2 \cdot (\lambda_p - \lambda_u)$. Die Abhängigkeit der empirischen Standardabweichung s von λ_p für Dreiecksimpulse ist ebenfalls in Abb. 5 und die Häufigkeit der Fehlerkennungen in Abhängigkeit von λ_p in Abb. 6 dargestellt.

5. Bemerkungen

1. In den meisten praktischen Fällen liegt die Zeitreihe (1) nicht als abgeschlossene Datenfolge vor, sondern die Werte k_i entstehen sukzessive im Verlauf des Meßprozesses. Dieser sequentiellen Entstehung ist das vorgestellte Verfahren angepaßt. Stehen N Speicherplätze für die Werte k_i zur Verfügung, so kann hieraus nach (9) l_i bestimmt werden. Verschiebt man danach alle Werte k_i einen Platz weiter und speichert den neuen Meßwert k_{i+n+1} auf den freigewordenen letzten Platz, kann hieraus nach (9) l_{i+1} berechnet werden. Ganz analog werden mit Hilfe von N Speicherplätzen für die Werte l_i nach (14) die Werte m_q ermittelt. Mit einer durchschnittlichen Verzögerung von N Zeiteinheiten Δt gegenüber dem wahren Schwerpunkt des Impulses wird damit der erkannte Impulsschwerpunkt ausgegeben. Die erforderlichen Rechenzeiten sind auf Grund der Einfachheit der Operationen vernachlässigbar und damit kann das Verfahren unter Einsatz eines Mikrorechners für technische Systeme realisiert werden.
2. Eine Analyse der Fehlerkennungen ergab, daß praktisch in allen untersuchten Zeitreihen mindestens ein Impuls gefunden wurde. Etwa 1/3 aller Fehlerkennungen betraf Zeitreihen, in denen mehrere Impulse erkannt wurden. Unter diesen war aber immer der vorgegebene Impuls anzutreffen. Durch zusätzliche Maßnahmen (z.B. Einschränken des Intervalls, in dem ein Impuls auftreten darf) kann damit die Häufigkeit der Fehlerkennung gesenkt werden.
3. Das Verfahren geht von konstanten Werten λ_u und λ_p aus. Diese Annahme ist in vielen praktischen Fällen schlecht erfüllbar. Es ist damit ein dynamisches Mitführen dieser Größen, z.B. durch

$$\tilde{\lambda}_u = \frac{1}{N'} \Sigma k'_j$$

$$\tilde{\lambda}_p = \frac{1}{N''} \Sigma k''_j$$

k' – Meßwerte aus dem Untergrund vor dem letzten Impuls,
N'_j – Anzahl dieser Meßwerte,
k''_j – Meßwerte des letzten Impulses,
N'' – Anzahl dieser Meßwerte,

notwendig.

4. Die Ergebnisse der durchgeführten Simulation bilden eine Grundlage für die Abschätzung von Parametern für technische Anlagen.

Eingegangen am 28. 3. 1984

Literatur

[1] *J. A. Rosanow*, Stochastische Prozesse. Berlin: Akademie-Verl. 1975
[2] Т. Андерсон, Статистический анализ временных рядов. Москва Изд- мир 1976
[3] *C. Chatfield*, Analyse von Zeitreihen. Leipzig: B. G. Teubner Verl.-ges. 1982
[4] *F. A. Haight*, Handbook of the Poisson distribution. New York: J. Wiley u. Sons 1967
[5] *M. Fisz*, Wahrscheinlichkeitsrechnung und mathematische Statistik. Berlin: Dt. Verl. d. Wiss. 1980
[6] *F. H. Lange*, Methoden der Meßstochastik. Berlin: Akademie-Verl. 1978
[7] *R. Unbehauen*, Systemtheorie. Berlin: Akademie-Verl. 1980
[8] *R. Palm*, messen – steuern – regeln 25 (1982) 13
[9] *G. Kummer*, ZfI-Mitteil. Nr. 71, 1983, 353
[10] А. А. Горбачев, А. П. Колданов, В. Е. Цветков, Радиотехника и электроника 28 (1983) 1945

Isotopenpraxis **21** (1985) 2, S. 58 bis 62

Sorption of $^{106}RuO_4$ Vapours on Molecular Sieve Zeolon 500

F. Kepák, J. Kaňka, S. Koutová

Institute of Nuclear Research Řež)[1]

Sorption characteristics were determined of molecular sieve Zeolon 500 for $^{106}RuO_4$ vapours. The sorption of $^{106}RuO_4$ vapours decreased with increasing gas flow rate, it increased with increasing temperature. The sorption was found to be most efficient (penetration of 0·69%) at a flow rate of 0·25 l/min and a temperature of 300 °C. Sorption capacity up to 1% penetration was 76 mg Ru/g of the sorbent. $^{106}RuO_4$ vapours were transformed into the gaseous phase during melting of a calcine prepared from a model waste solution following spent fuel reprocessing.

Die Sorptionscharakteristik des Molekularsiebes Zeolon 500 für $^{106}RuO_4$-Dämpfe wurde ermittelt. Die Sorption von $^{106}RuO_4$-Dämpfen nahm mit steigender Geschwindigkeit des Gasstromes ab und erhöhte sich mit steigender Temperatur Es wurde festgestellt, daß die Sorption am wirkungsvollsten (Durchdringung 0,69%) war bei einer Strömungsgeschwindigkeit von 0,25 l/min und einer Temperatur von 300 °C. Die Sorptionskapazität bei einer Durchdringung bis zu 1% betrug 76 mg Ru/g Sorbens. Die $^{106}RuO_4$-Dämpfe wurden während des Schmelzens eines aus einer Modell-Abfallösung nach der Brennstoffwiederaufbereitung gewonnenen Kalzins in die Gasphase übergeführt.

Keywords

adsorption; aerosols; air filters; molecular sieves; ruthenium 106; ruthenium oxides; solidification

In processing very high -level radioactive solutions formed during spent nuclear fuel reprocessing by solidification, RuO_4 and/or RuO_3 vapours and RuO_2 aerosol are transformed into the gaseous phase [1, 2]. The amount of ruthenium transformed into the gaseous phase depends on the composition of the mix being melted and on the solification technique [1–4]. ^{103}Ru and ^{106}Ru radionuclides are responsible for the radicactivity of the said oxides and prior to the atmosperic discharge of the oxides their concentration should be reduced to a sufficiently low level so that they do not pose a hazard for the biosphere. For RuO_4 vapours, which is the most frequent of the above forms, this can be achieved by several procedures [1]. They include sorption on different types of inorganic and organic sorbents [5–7]. Molecular sieve Zeolon 500 was chosen as the sorbent for this study. Its sorption characteristics and the optimal conditions of RuO_4 vapour sorption were determined in laboratory conditions.

Experimental

Instrumentation and procedure for sorption capacity determination

Instrumentation for determining sorption capacity consisted of a distillation flask, a vertical sorption column and two washers (Fig. 1). RuO_4 was distilled from a sulphuric acid medium (approx. 52%), ^{106}Ru-labelled ruthenium was added in a tetravalent form as a chloride; potassium permanganate was used as an oxidizer. For each distillation run, a solution was proportioned containing 7·28 mg Ru (experiment with a lower weight sorbent) or 2·7 mg Ru (experiment with a higher weight sorbent). During distillation at 170 °C for over 45 min air was pumped through the solution (at a flow rate of 0·5 l/min). $^{106}RuO_4$ vapours were transported to molecular sieve Zeolon 500 in the column (packing weight 14 g, volume 17·7 ml, height 10 cm, diameter 1·5 cm, or packing weight 9·3 g, volume 11·8 ml, height 7 cm, diameter 1·5 cm). The vapours passed through the sorbent were collected in the two washers containing a NaOH solution (6 mol/l). The column was heated from outside using a heating coil. Temperature in the middle of the sorption packing was 300 °C. The tube interconnecting the column and the washers was heated with an infrared heater.

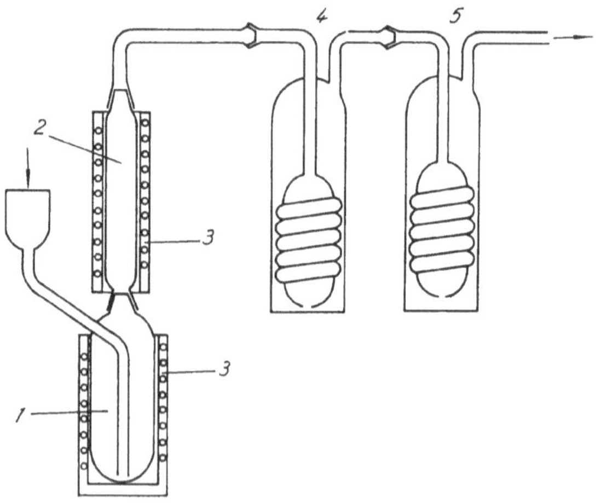

Fig. 1. Schematic of laboratory equipment for sorption capacity determination

1 – distillation flask; 2 – column with sorbent; 3 – heating coil; 4, 5 – washers

Instrumentation and procedure for determination of sorption dependence of RuO_4 produced in calcination product melting

The melting process was responsible for the production of RuO_4 vapours. The calcine to be melted had been prepared from the solution modelling that produced during spent

[1]) Address: 250 68 Řež, Czechoslovakia

fuel reprocessing. Denitration had been performed prior to calcination. Denitration, calcination and melting proceeded in a quartz tube, 30 cm in length and 3 cm in outer diameter, placed in a furnace. The furnace heated space was 35 cm high and its diameter was 7 cm. The temperature of the said processes was controlled using an autotransformer and measured using a NiCr-Ni thermocouple fitted to the outer surface of the tube, near its bottom end, approximately in the middle of the furnace. The tube was capped and two 8 mm tubes were inserted in the cap. One was used for the supply of the model solution, the denitration and the vitrification reagents while the other was used for gas discharge. Following proportioning the model solution and the said reagents, the former tube was used for the supply of filtered air to the furnace during the experiment. The quartz tube cap was sealed using an asbestos rope. Denitration, calcination and melting gases were discharged by means of a vacuum pump.

For the experiment, the quartz tube was filled with a single batch of 40 ml of the model solution containing the labelled ruthenium in the tetravalent from as a nitrate, 10 ml of 85% formic acid, 8·3 ml of 85% phosphoric acid. The solution was gradually denitrated (130 °C, 30 mins), calcined (250 °C, 120 min, 500 °C, 60 min), the calcine was melted (1100 °C, 60 min following gradual increase in temperature for over 15 min until the desired temperature was rached). The denitration and calcination gases containing NO_x, RuO_4 vapours and/or RuO_2 aerosol were passed to a separate scrubbing apparatus.

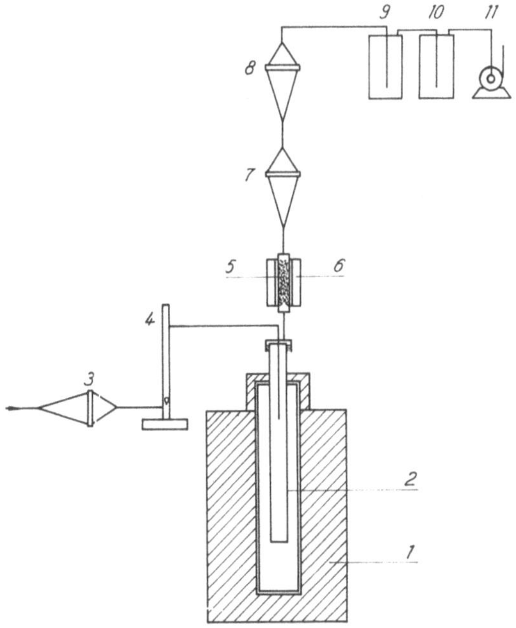

Fig. 2. Schematic of laboratory apparatus for determination of sorption dependences of $^{106}RuO_4$ vapours produced during calcine melting

1 – furnace; 2 – quartz tube; 3 – holder with filter material RA-2 for cleaning supplied air; 4 – flow ratemeter; 5 – column with Zeolon 500 packing; 6 – heating coil; 7 – holder with filter material RA-2; 8 – holder with membrane filter Synpor; 9 – washer; 10 – column with silica gel packing for removing moisture; 11 – air pump

RuO_4 vapours discharged from the furnace during the melting process were passed to the vertically mounted column containing Zeolon 500 (weight 14 g, volume 17·7 ml, height 10 cm, diameter 1·5 cm). The column was heated from outside using an electric heating coil on a ceramic cylinder. Temperature inside the sorbent was measured using a NiCr-Ni thermocouple. The column started to be heated half an hour before the commencement of the sorption process in order that a steady state temperature value could be attained. Column temperature was set to 0 °C, 200 °C, and 300 °C, respectively. The 0 °C temperature was achieved by cooling the column with ice placed in a bucket surrounding the column. The gas flow rate was 0·25 l/min, 0·5 l/min, 1·5 l/min, respectively. RuO_4 vapours passing through the Zeolon 500 column were separated from the gas using glass fibre high efficiency filter material. The material of the Czechoslovak make is designated RA-2. Following the RA-2 filter material, a Synpor 6 membrane filter was placed (pore size 0·4 μm), in the shape of a disk of 4·4 cm in diameter for possible separation of RuO_4 which may have passed through the RA-2 material. The final stage consisted of a washer with a NaOH solution (2 mol/l). The instrument for trapping $^{106}RuO_4$ vapours produced in melting the calcine is shown schematically in Fig. 2.

Sorption material, model solution

The sorption material used consisted of molecular sieve Zeolon 500 by Norton (U.S.A.) in the shape of rods (1·5 mm in width, 2 mm up to 12 mm in length). In the experiments, a model solution was used produced during reprocessing after approximately one year of storage, containing corrosion products [8]. The concentration of nonactive ruthenium was $1 \cdot 1 \times 10^{-4}$ mol/l, i. e., lower than in the actual solution where it is approximately 0·061 mol/l [4]. Tab. 1 shows the composition of the model solution.

Determination of desorption

The desorption of ruthenium sorbed on Zeolon 500 was studied statically. The packing of Zeolon 500 used for sorption determination was carefully shaken in order that even distribution should be achieved of the sorbent and the ruthenium being sorbed. Part of the packing was then gradually contacted with three aliquots of distilled water of HCl (0·1 mol/l) or NaOH (0·1 mol/l) and shaken in polyethylene vessels. The desorption solution volume was 50 ml, desorption time was 20/hours Radioactivity was determined in the individual aliquots of the desorption solution; the last aliquot was also analysed for *p*H. Radioactivity was also determined of ^{106}Ru retained on Zeolon following desorption. ^{106}Ru desorption from the instrument walls was performed using a solution of NaOH (1 mol/l)

Tab. 1. Composition of the model solution

Compund	$NaNO_3$	$CsNO_3$	$Sr(NO_3)_2$	$Ba(NO_3)_4$	$Zr(NO_3)_4$	$La(NO_3)_3 \cdot 6\,H_2O$	$Fe(NO_3)_3 \cdot 9\,H_2O$
mol/l	0·882	0·063	0·016	0·027	0·0106	0·102	0·890
Compound	$Cr(NO_3)_3 \cdot 9\,H_2O$			$Ni(NO_3) \cdot 6\,H_2O$		$(NH_4)_6Mo_7O_{24} \cdot 4\,H_2O$	
mol/l	0.018			0·024		0·014	

1 l of the model solution also contained rare earth nitrates (17·6 g when adjusted to oxides)

containing 2·25 g of ammonium thiosulphate. Three aliquots of the said solution were used, always for a duration of one hour.

Measurement of radiocativity

The radioactivity of ^{106}Ru sorbed on Zeolon 500, on filter material RA-2 and in the sodium hydroxide solution was measured by detecting gamma radiation, of filter Synpor 6, where the radioactivity of sorbed ^{106}Ru was considerably low, beta detection was used. Prior to measurement, the sorbent was well shaken in order that the absorbed ^{106}Ru should as evenly as possible be distributed in the measured aliquots. The aliquot was then transferred to a measuring dish where it formed a thin homogeneous layer. The radioactivity values of the individual aliquots were then added. ^{106}Ru gamma radiation was measured using a NaI(Tl) crystal scintillator with a Tesla 717 T instrument (manufactured by Tesla, Czechoslovakia). Low level beta counting of ^{106}Ru was performed using a through-flow beta counter with a plastic scintillator in anticlincidence connection in NRB 213 measuring equipment (by Tesla). Radioactivity for which the count rate was higher than twice the background value was considered to be the least detectable radioactivity of the beta detection sample.

The distribution of ^{106}Ru sorbed on Zeolon 500 in the column was measured using a vertically travelling gamma counter mounted in a lead shielding provided with a 2 mm slit. The column containing the sorbent was placed immediately in front of the slit. ^{106}Ru radioactivity was measured from the start of the column, gradually for over 5 mm of the column length.

Results and discussion

As shown in the experimental part, the sorption was studied of RuO_4 vapours produced from the sulphuric acid medium and in melting the calcine prepared from a solution modelling that from spent fuel reprocessing.

The efficiency of sorption of RuO_4 vapours produced from the sulphuric acid medium on Zeolon 500 (a 14 g charge) was found to be 99·82% for the first RuO_4 aliquot (decontamination factor $5{\cdot}55 \times 10^2$). RuO_4 concentration was in the order of mg/l air, most RuO_4 became airborne at the beginning of distillation. Sorption efficiency did not drop below a value of 99·80% before sorption of 4·3 mg RuO_4 per 1 g of sorbent. Following the sorption of the said amount of RuO_4, no RuO_4 penetration was detected for more aliquots of RuO_4 entering the column. No penetration was detected following sorption of 15·5 mg RuO_4/g sorbent. The results show, corroborated with literature data [5, 6] that the sorption capacity of inorganic sorbents can be significantly high for RuO_4 vapours.

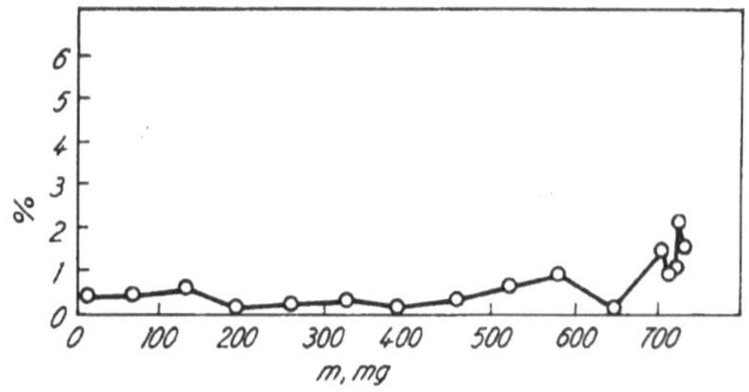

Fig. 3. Dependence of penetration (%) of $^{106}RuO_4$ on sorbed amount of Ru (RuO_4 produced from sulphuric acid medium)

m – sorbed amount of Ru in mg

Therefore, for the determination of the sorption capacity and of the dependence of the RuO_4 sorption efficiency on the sorbed amount of RuO_4 we decided to use a smaller sorbent charge (9·3 g). The useful sorption capacity of Zeolon 500 was determined for dynamic conditions up to a 1% penetration of RuO_4. It was found to be 76 mg Ru/g sorbent, which corresponds to 60 mg Ru/ml sorbent (the literature shows the capacity in mg Ru/ml [5, 6]). The sorbent efficiency was still higher than 99% (Fig. 3) up to the said value of the sorbed amount of ruthenium. Obviously, the sorbed RuO_4 gradually fills the Zeolon 500 pores; the filter surface is thus reduced and the conditions of sorption following the sorption of 75 mg Ru/g sorbent become less favourable. As a result, penetration increases. The said value of sorption capacity is higher than the values obtained for other sorbents [5, 6, 9]. The distribution of sorbed RuO_4 which had been transformed into the gaseous phase from the sulphuric acid medium was characterized in Zellon 500 by the maximum at a distance of 1·0 cm or 1·5.cm (for greater sorbed amounts of RuO_4) from the beginning of the column (Fig. 4).

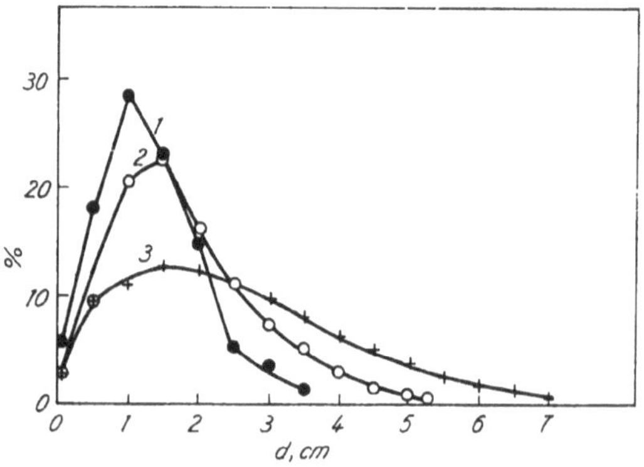

Fig. 4. Distribution (%) of sorbed RuO_4 in sorbent packing length ($^{106}RuO_4$ produced from sulphuric acid medium)

d – distance (cm) from column bottom; curve 1 – 26 mg Ru sorbed; 2 – 64 mg Ru sorbed; 3 – 730 mg Ru sorbed

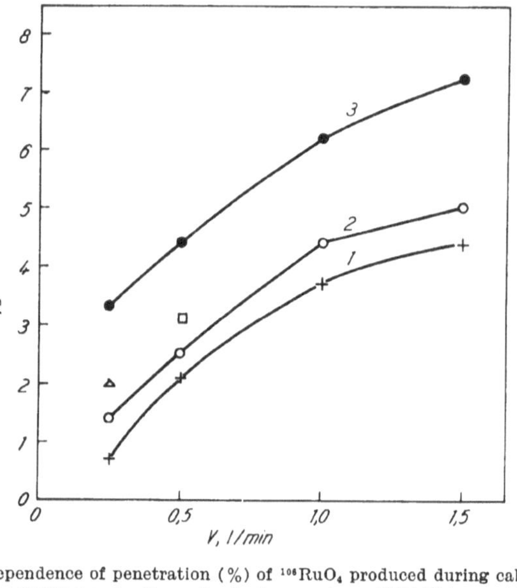

Fig. 5. Dependence of penetration (%) of $^{106}RuO_4$ produced during calcine melting on gas flow rate at a temperature of 300 °C (curve 1), 200 °C (curve 2) and 0 °C (curve 3)

△ point 50 °C, □ point 60 °C (column unheated), V – flow rate in l/min

Zeolon 500 of 14 g in weight was used for determining the dependence of the penetration of RuO_4 vapours transformed into the gaseous phase during the melting of the calcination product, on the gas flow rate at temperatures of 0 °C, 200 °C and 300 °C. RuO_4 vapur concentration was approximately 0·5 μg/l gas. The results shown in Fig. 5 represent an average of two determinations. Two separate points characterize RuO_4 sorption in the situation when the column was not heated. In this case, the temperature in the column dependend on the gas flow rate; at high gas flow rate the gas was less cooled and the temperature in the column was higher (60 °C) than at low flow rate when the gas was cooled more and the column temperature was only 50 °C. The results in Fig. 5 show that RuO_4 sorption decrased with incrasing flow rate. Obviously, the shorter time of contact with the sorbent surface had its effect. The results also showed (Fig. 5) that increased temperature resulted in increased sorption. The increase in RuO_4 vapour sorption with temperature was also observed for iron oxide and for silica gel impregnated with iron oxide [5, 6, 9, 10]. In contrast, on silica gel alone, RuO_4 vapour sorption decreased with increasing temperature [11, 12]. The highest sorption of RuO_4 vapours on Zeolon 500 was achieved at the lowest flow rate (0·25 l/min) and the highest temperature (300 °C) when penetration was only 0·69%. This corresponds to a decontamination factor of 1.44×10^2. This value is comparable with the values of decontamination factors attained for Zeolon 200 and Zeolon 900 for the sorption of RuO_4 as reported in another study [5].

The RA-2 high very efficiency glass fibre filter material configured in one layer behind the column with Zeolon 500 reduced RuO_4 concentration by 3 more orders. The efficiency of Zeolon 500 for the sorption of RuO_4 produced during the melting of the calcine was lower than that for the sorption of RuO_4 produced from the sulphuric acid medium. The reduced efficiency of the sorption of RuO_4 transformed into the gaseous phase during calcine melting could be affected by the presence of NO_x [8] formed from strontium nitrate and barium nitrate which only decompose at a temperature exceeding calcination temperature. In some cases, nitrogen oxide can unfavourably affect RuO_4 sorption [2]. The increased RuO_4 vapour sorption with temperature indicates that chemisorption is involved [9]. This interpretation is also corroborated with the results of desorption which show a firm bond of the most part of the absorbed ruthenium. Only when 0·1 mol/l of HNO_3 was used was desorption more efficient (Tab. 2). Following the third desorption, the *p*H value of the aqueous phase was 2·8 when HNO_3 (0·1 mol/l) was used, 7·6 when H_2O was used and 12·0 for NaOH (0·1 mol/l).

At physical RuO_4 adsorption, much higher desorption might be expected [11, 12]; for instance, for silica gel, ruthenium desorption with water at a temperature of 60 °C was approx. 90% [11]. No desorption of ruthenium was observed when clean air was pumped through the column with Zeolon 500 (totally, 180 l of air was passed through the column). The literature says that in the sorption of RuO_4 vapours on inorganic sorbents, RuO_4 reduction to RuO_2 takes place with time. RuO_2 is bound to the sorbent more firmly than RuO_4 [1, 10]. Some studies [9, 10] presume that the RuO_2 deposited increases the sorption reaction rate and thus for the same residence time of RuO_4 sorption becomes more efficient than in the situation when no RuO_2 reduced from RuO_4 is present on the sorbent.

Tab. 2. Results of desorption

Sorption conditions	Desorption agent	% of desorption Des. 1	Des. 2	Des. 3	Total
0 °C	H_2O	4·85	3·00	2·70	10·55
1 l/min	HNO_3[a])	11·67	10·83	7·78	30·28
200 °C	H_2O	5·68	2·32	1·55	9·55
1·5 l/min	HNO_3[a])	12·16	8·72	5·37	26·25
300 °C	H_2O	7·64	2·84	1·95	12·43
1·5 l/min	HNO_3[a])	16·84	7·24	3·75	27·83
0 °C	H_2O	8·69	4·01	2·96	15·66
1·5 l/min	HNO_3[a])	24·00	13·99	8·07	46·06
200 °C	H_2O	8·82	5·59	7·22	21·63
0·25 l/min	HNO_3[a])	30·06	16·51	11·45	58·02
200 °C	H_2O	18·55	5·77	1·39	25·71
0·5 l/min	NaOH[a])	11·80	1·86	0·57	14·23
300 °C	H_2O	20·44	5·62	2·38	28·44
0·25 l/min	HNO_3[a])	27·80	13·25	6·9	47·95
70 °C	HNO_3[a])	50·33	15·22	5·87	71·42
0·25 l/min	NaOH[a])	14·08	2·68	0·74	17·5

[a]) concentration 0·1 mol/l, the values are the average of two determinations

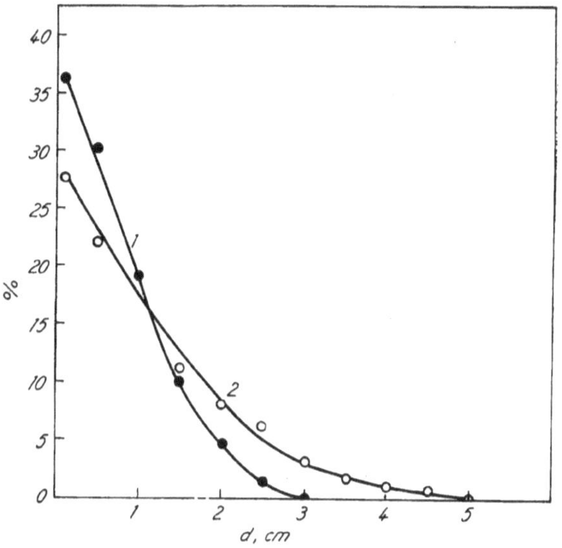

Fig. 6. Distribution of sorbed RuO_4 (%) in sorbend packing length (RuO_4 produced during calcine melting)
curve 1 – flow rate 0·25 l/min; 2 – flow rate 2·5 l/min; *d* – distance (cm) from column bottom

In contrast to RuO_4 distilled from the sulphuric acid medium, RuO_4 released during calcine melting sorbed to the highest extent at the beginning of the column. At a distance of 2 cm from the beginning of the column, 98·6% of RuO_4 was sorbed at a flow rate of 0·25 l/min. Increasing the flow rate resulted in the sorption of the same amount of RuO_4 at a greater distance from the column beginning (Fig. 6). The different profile of the curve characterizing the distribution of RuO_4 in the Zeolon 500 packing for RuO_4 formed from the sulphuric acid medium and for RuO_4 produced during calcine melting might be attributed to the difference of orders of magnitude in the concentrations of sorbed RuO_4 per volume unit of gas. RuO_4 in trace concentrations (from calcine melting) sorbed at the beginning of the column while at higher concentrations (production from the sulphuric acid medium), RuO_4 penetrated deeper in the sorbent packing. The gas flow through the column was characterized by a low pressure

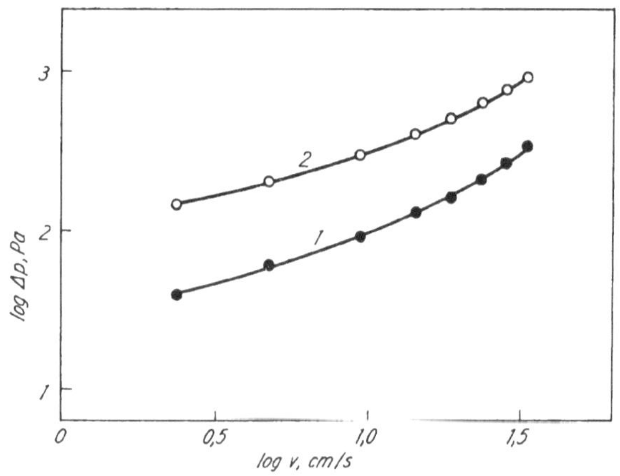

Fig. 7. Dependence of column pressure drop on air speed
Δp – pressure loss in Pa; v – air speed, cm · s^{-1}; temperature 22 ± 2 °C; curve 1 – Zeolon 500; curve 2 – silica gel (grain size 1·4 – 1·6 mm)

drop which increased with increasing flow rate. Fig. 7 shows this dependence; the plotted values are the average of 5 determinations. Compared to silica gel, Zelonon 500 showed a lower pressure drop. No increase occurred in pressure drop upon adsorption of 706 mg Ru (1% penetration).

Adsorption takes place on wall surfaces of RuO_4 vapours during their passage through the apparatus. 36·7% of the total amount of RuO_4 distilled during calcine melting adsorbed on the tube cap, the glass tube between the quartz tube and the column, on the column walls, and on the filter holder with material RA-2 (the surface area of the said parts amounted to 230 cm^2). The adsorption on the walls of the filter material RA-2 holder was very low (less than 0·1%). This adsorption, specified at each determination, was taken into consideration during the evaluation of results of RuO_4 vapour sorption on Zeolon 500. The surace adsorption on the other parts of the apparatus was determined twice; its change with the time of apparatus utilization was not considered.

During calcine melting, ruthenium is also transformed into the gaseous phase as RuO_2 aerosol [2, 4]. It can be presumed that together with RuO_4 vapour sorption, filtering proceeded on the Zeolon of the RuO_2 aerosol. Zeolon 500 thus also acted as an aerosol filter.

Acknowledgement

The authors want to express their gratitude to Dr. *K. J. Mills*, Product Manager of Norton Chemical Process Products (Europe) Ltd., England for providing samples of Zeolon 500 and Zeolon 900.

Received February 1, 1984

References

[1] *J. D. Christian, D. T. Pence*, Report PNL-2486 (1977)
[2] Control of semivolatile radionuclides in gaseous effluents at nuclear facilities. Tech. Reports Series, No. 220, IAEA, Vienna 1982
[3] *Z. Hölgye, M. Křivánek*, J. Radioanal. Chem. **42** (1978) 133
[4] *S. J. Rimshaw, F. N. Case, J. A. Tompkins*, Report ORNL-5562 (1980)
[5] *B. J. Newby, V. H. Barnes*, Report ICP-1078 (1975)
[6] *Ch. Courtois*, Report CEA-BIB-213 (1974)
[7] *F. Kepák*, Jadl. Energie **28** (1982) 336
[8] *F. Kepák, L. Zahnaš, J. Kaňka*, Jad. Energie **30** (1984) 13
[9] *A. Donato, W. Bocola*, Energia Nucleare **18** (1971) 353
[10] *M. Klein, M. DeSmet, W. R. A. Goosens, L. H. Baetsle*, Management of Gaseous Wastes from Nuclear Facilities, IAEA, Vienna 1980, p. 91
[11] *D. R. Andersen, D. W. Rhodes*, Report IDO-14510 (1960)
[12] *D. W. Rhodes*, Report TID-7593 (1959)

Isotopenpraxis **21** (1985) 2, S. 62

Buchbesprechung

Die Projektierung der Informationsbasis eines automatisierten Systems auf der Grundlage eines Datenbanksystems (SUBD)

W. W. Bojko, W. M. Sawinkow. Moskau: Verlag Finansy i Statistika 1982. 176 S., div. Abb., 35 Lit. (in Russisch); kart. M 3,—

Das Buch behandelt die modernen Konzeptionen der Aufbaus des Datenbestandes eines automatisierten Systems und beschreibt seine Projektierungsetappen unter Berücksichtigung verschiedener Datenbanksysteme. Die Autoren konzentrieren sich dabei speziell auf die Darstellung der Systeme BANK-OS, SETOR und OKA und zeigen deren Funktion, Kommandosprachen, Struktur und praktische Anwendungsbeispiele. Das Buch gliedert sich in drei Teile: die Darlegung der Anfangsetappe der Projektierung des Informationssystems, die Beschreibung der Mittel der Datenbank und die Auswahlkriterien bei der Projektierung eines automatisierten Informationssystems sowie die Zusammenstellung der einzelnen Arbeitsetappen nach der Wahl eines Datenbanksystems. Die Projektierung des informationslogischen Schemas des Systems als ein Teil der gesamten Projektierungsarbeit wird in drei Etappen behandelt: Festlegung der Objekte und ihrer Parameter, Analyse der Suchfragen an das System und Ermittlung der Strukturverbindungen. Bei der Wahl der Realisierungsmittel wird der Analyse der äußeren begrenzenden Faktoren der einzelnen Datenbanksysteme große Beachtung geschenkt. Die in allen Einzelheiten beschriebenen Arbeitsetappen der Gestaltung des konzeptuellen Schemas der Datenbank, der Wahl der Parameter des internen und äußeren Schemas, die Ausarbeitung eines Programmpaketes und der organisatorischen Maßnahmen zur Verbindung des Datenbankbetriebssystems mit den Datenbeständen bieten dem Leser eine ausgezeichnete Instruktion zur Durchführung analoger Projektierungsarbeiten. Sie setzen allerdings Grundkenntnisse der Programmiersprachen und des Betriebssystems der EDVA voraus. Eine Vielzahl von Tabellen und Schemata erleichtern das Verstehen einiger Programmfunktionen, Strukturen und Zugriffsmethoden.

Das Hauptanliegen des Buches, die Darstellung der Wechselbeziehung zwischen dem Datenbankbetriebssystem und dem Datenbestand wird in der Monografie am Beispiel von drei modernen DBS mit Hilfe der entsprechenden Sprachen der Datendarstellung erreicht.

Die von den Autoren getroffene Wahl der DBS ermöglicht dem Leser das Kennenlernen aller international üblichen Datenbeschreibungssprachen und Zugriffsmethoden und gibt ihm einen guten Überblick über die existierenden Datenbankkonzepte.

Die Monografie kann verwendet werden als eine gute Arbeitsanleitung für EDV-Spezialisten, insbesondere für Entwickler und Programmierer von Datenbanksystemen.

L. Jankowski

Isotopenpraxis 21 (1985) 2, S. 63 bis 64

Zum Verhalten von Au(I,III)-Cyaniden an Anionenaustauschern in Gegenwart von Pd-Verbindungen

M. Knothe

(VEB Mansfeld-Kombinat „Wilhelm Pieck", Forschungsinstitut für NE-Metalle, Freiberg)[1]

Das Verhalten geringer Gehalte von $Au(I)(CN)_2^-$ und $Au(III)(CN)_4^-$ in Gegenwart von $[Pd(NH_3)_4](NO_3)_2$ gegenüber Anionenaustauschern wurde mit Hilfe radioaktiv markierter Au-Verbindungen untersucht. Die Adsorptionsrate des Au sank mit zunehmender Standzeit der Aufgabelösungen ab, hervorgerufen durch die Umwandlung der Au-Cyanide in nicht adsorptionsfähige Spezies. Diese Umwandlung verlief wesentlich langsamer, wenn die Au-Cyanide am Austauscher fixiert waren. Au(I)-Cyanide wurden stets schneller als Au(III)-Cyanide umgesetzt. Eine effektive Abtrennung der Au-Cyanide mit Anionenaustauschers ist daher nur im Au(III)-System möglich.

The behaviour of low concentrations of $Au(I)(CN)_2^-$ and $Au(III)(CN)_4^-$ in the presence of $[Pd(NH_3)_4](NO_3)_2$ when adsorbed by anionites has been studied by the use of labelled Au compounds. The adsorption rate of Au decreased with increasing aging time of the feed solution, which was due to the conversion of gold cyanides into species not capable of being adsorbed. This conversion proceeded at a considerably lower rate when the cyanides of gold had been fixed on the ionite. Au(I) cyanides were always converted at a higher rate than Au(III) cyanides. Thus, an effective separation of Au cyanides by anionites is possible only in the Au(III) system.

Keywords

gold 198; gold compounds; ion exchange; palladium compounds

1. Problemstellung

Zur Herstellung verschleiß- und korrosionsfester Kontakte für die Elektrotechnik/Elektronik hat sich in den letzten Jahren neben der galvanischen Vergoldung die Palladinierung, d. h. die galvanische Pd-Abscheidung auf geeigneten Trägerwerkstoffen in zunehmendem Maße durchgesetzt [1]. Alle bekannten Pd-Bäder sind sehr empfindlich gegen eine Veränderung ihrer Zusammensetzung sowie gegen Verunreinigungen [2]. So führt beispielsweise das Einschleppen von Goldcyaniden aus vorhergehenden Arbeitsstufen in ein Bad, in dem Pd als $[Pd(NH_3)_4](NO_3)_2$ vorliegt, bereits bei Gehalten von $\approx 2{,}5 \cdot 10^{-5}$ M ($\hat{=}$ 5 mg/l Au) zur Abscheidung unbrauchbarer Pd-Schichten [3]. Zur Abtrennung dieser störenden Verunreinigungen bietet sich der Einsatz von Anionenaustauschern an, da das Pd als Kation, die Au-Cyanide dagegen als komplexe Anionen vorliegen, die von stark basischen Anionenaustauschern fest gebunden werden. (Die Austauschkoeffizinten K_{AB} für die Reaktion

$$\overline{Cl^-} + Au(CN)_x^- = \overline{{}^+Au(CN)_x^-} + Cl^-$$

(überstrichene Symbole bezeichnen die Harzphase)

liegen nach eigenen Messungen für $Au(CN)_2^-$ und $Au(CN)_4^-$ im Bereich 800—900). Bei einem Störfall wurden aber auf diesem Wege nur unbefriedigende Ergebnisse erhalten. Daher wurde das Verhalten der Goldcyanide gegenüber Anionenaustauschern in Gegenwart von Pd unter Einsatz radioaktiv markierter Au-Verbindungen näher untersucht.

2. Veruchsdurchführung

$K\,Au(CN)_2$ und $K\,Au(CN)_4$, markiert mit ^{198}Au, wurden aus bestrahlten Goldblech nach Literaturangaben [4] hergestellt und durch Elektronen- und IR-Spektren charakterisiert. Die radiometrische Bestimmung erfolgte mit dem γ-Meßplatz VA-M-16 D. $[Pd(NH_3)_4](NO_3)_2$ wurde vom VEB BHK Freiberg bezogen und ohne weitere Reinigung eingesetzt.

Das Adsorptionsverhalten des Au ($C^A = 2{,}5 \cdot 10^{-5}$ M) aus 0,4 M NH_4NO_3- bzw. 0,2 M $[Pd(NH_3)_4](NO_3)_2$-Lösung am Anionenaustauscher Wofatit SBW wurde in bekannter Weise durch Aufnahme von Au-Durchbruchskurven unter Einsatz von 2 ml Austauscher und 100 ml Lösung nach verschiedenen Standzeiten bestimmt. Zur Untersuchung der Umsetzung adsorbierter Au-Verbindungen mit Pd wurden Harzproben mit $2{,}5 \cdot 10^{-5}$ M Au-Lösung in 0,4 M NH_4NO_3 beladen, mit goldfreier 0,2 M $[Pd(NH_3)_4(NO_3)_2$-Lösung gewaschen, in Kontakt mit der Pd-Lösung stehen gelassen und nach bestimmten Zeiten mit Pd-Lösung eluiert.

3. Ergebnisse und Diskussion

Ein Teil der erhaltenen Durchbruchskurven sind in Abb. 1 dargestellt. Daraus geht hervor, daß die Au-Cyanide aus 0,4 M NH_4NO_3 vollständig adsorbiert wurden, unabhängig von der Standzeit der Lösung ($C_{Au}^E < 2{,}5 \cdot 10^{-8}$ M). Dagegen stieg in Gegenwart des Pd mit zunehmender Standzeit der Aufgabelösung der ungebundene Au-Anteil an, im Falle des $Au(CN)_2^-$ deutlich stärker als im Falle des $Au(CN)_4^-$. Offenbar wurden die Au-Cyanide in wesentlich schwächer gebundene Verbindungen überführt. Deren Gehalte in der jeweiligen Aufgabelösung ergaben sich aus den Durchbruchskurven als Schnittpunkt des horizontalen Kurventeiles mit der Ordinate. Mit der Annahme, daß es sich um monomere Au-Spezies handelt, lassen sich die verbliebenen Au-Cyanidanteile durch eine einfache Au-Bilanz bestimmen. Die hiermit erhaltene Zeitabhängigkeit der Umwandlung der Au-Cyanide in Pd-Lösungen geht aus Tab. 1, Spalten 3 und 5 hervor. (Für die Umsetzung des

[1]) Anschrift: 9200 Freiberg, Lessingstraße 41

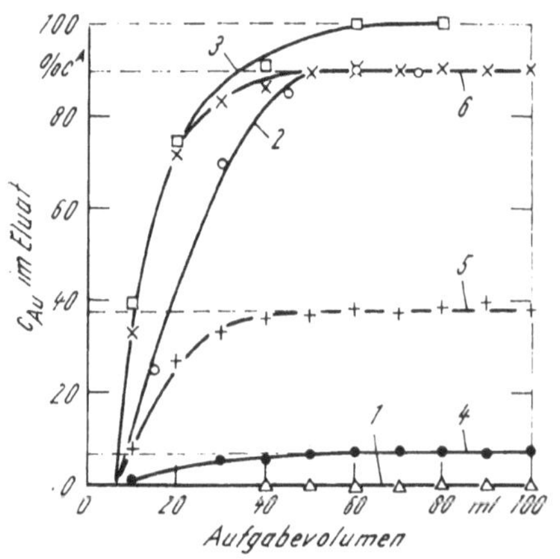

Abb. 1. Adsorption von $Au(CN)_x^-$ ($C^A = 2{,}5 \cdot 10^{-5}$ M) an 2 ml Wofatit SBW in Abhängigkeit von der Standzeit der Aufgabelösung

1: $Au(CN)_2^-$/0,4 M NH_4NO_3, Standzeit 7 d
2, 3: $Au(CN_2^-)$/0,2 M $[Pd(NH_3)_4](NO_3)_2$, Standzeit 1 bzw. 24 h
4 bis 6: $Au(CN)_4^-$/0,2 M $[Pd(NH_3)_4](NO_3)_2$, Standzeit 3 h, 24 h, 168 h

Tab. 1. Zeitabhängigkeit der Abnahme des $Au(CN)_x^-$-Anteiles in Gegenwart von $[Pd(NH_3)_4](NO_3)_2$

a) Reaktion in 0,2 M Pd-Lösung
b) Reaktion am Austauscher SBW

Nr.	Zeit h	$Au(CN)_2^-$		$Au(CN)_4^-$	
		$C_{red.} = \frac{C^t}{C^A}$			
		a)	b)	a)	b)
1	0,5	13	–	–	–
2	1	10	88	98	98
3	3	7	68	93	97
4	6	–	–	88	96
5	24	$\lesssim 1$	41	62	95
6	48	–	–	44	94
7	72	–	–	30	93
8	96	–	28	21	–
9	168	–	(53)	10	91

$Au(III)(CN)_4^-$ erhält man daraus eine Reaktionsordnung $n = 1{,}5$ mit $k = 4{,}5\ l^{0,5} \cdot Mol^{-0,5} \cdot h^{-1}$).

Die Umsetzung bereits adsorbierter Au-Cyanide mit $Pd(NH_3)_4](NO_3)_2$ wurde unter den gleichen Annahmen bestimmt; die Ergebnisse (Tab. 1, Spalten 4 und 6) zeigen, daß hier die Reaktion wesentlich langsamer verlief. (Im Au(I)-System wurde bei langer Reaktionszeit ein Teil zu elementarem und nicht eluierbaren Au reduziert, wie aus der starken Einfärbung des Austauschers hervorging. Daher erklärt sich die scheinbare Zunahme des gebundenen $Au(CN)_2^-$-Anteils).

Die Umwandlung der Au-Cyanide in Gegenwart von $Pd(NH_3)_4^{2+}$ beruht höchstwahrscheinlich auf einer Austauschreaktion:

$$Au(CN)_x^- + Pd(NH_3)_4^{2+} = [Pd(NH_3)_{4-y}(CN)_y]^{m+} + [Au(CN)_p(NH_3)_q]^{n+}$$

da Pd^{2+} stabile Cyanokomplexe bildet und die Beständigkeit der Au-Cyanokomplexe von der Wertigkeit abhängt. Die Beständigkeitskonstanten betragen (Angabe von lg K):

$Pd(NH_3)_4^{2+}$: 32,5; $Pd(CN)_4^{2-}$: 51,5[5]; $Au(CN)_2^-$: 41,0; $Au(CN)_4^-$ $\approx$ 95 [6].

Dabei müssen neben neutralen auch kationische Au-Komplexe entstehen, da aus diesen Lösungen eine signifikant höhere Au-Adsorption an dem stark sauren Kationenaustauscher Wofatit KS 10 beobachtet wurde. Die geringere Reaktionsrate der am Anionenaustauscher adsorbierten Au-Cyanide kann darauf beruhen, daß die Bildung des aktivierten Komplexes durch die abstoßende Wirkung der positiven Ankergruppen des Anionenaustauschers behindert wird.

Aus diesen Ergebnissen folgt, daß mit Hilfe von Anionenaustauschern nur $Au(III)(CN)_4^-$ aus Pd-Lösungen abgetrennt werden kann. Dagegen erfolgt die störende Umsetzung des $Au(I)(CN)_2^-$ sowohl in der Lösungs- als auch der Austauscherphase so schnell, daß eine brauchbare Abreicherung nicht erreichbar ist.

Eingegangen am 21. 12. 1983

Literatur

[1] *H. D. Hedrich, Ch. J. Raub*, Metalloberfläche 31 (1977) 512
[2] *Ch. J. Raub*, Platinum metals review 26 (1982) 158
[3] *L. Schlosser*, unveröffentlichte Untersuchungen im FNE Freiberg
[4] *Gmelin*, Handbuch der anorganischen Chemie, System Nr. 62 Gold, 8. Auflage 1954, S. 743, 745
[5] *S. J. Ginzburg* (Hrsg.), Analytische Chemie der Pt-Metalle, Moskau 1972 (*russ.*)
[6] *B. J. Peščevickij, B. J. Belevancev, S. V. Zemskov*, Izv. Sib. Otd. AN SSSR, Ser. Chim. Nauk, Nr. 4, vyp. 2 (1976) 24

Isotopenpraxis **21** (1985) 2, S. 65 bis 69

Extraktion von Rhodium aus salpetersauren Lösungen mit schwefelorganischen Verbindungen

E. Fritsch, M. Beer, B. Gorski

(Zentralinstitut für Isotopen- und Strahlenforschung der AdW der DDR Leipzig)[1])

Rh(III) ist mit Thioethern unter bestimmten Bedingungen aus salpetersauren Lösungen der Kernbrennstoffwiederaufarbeitung oder anderen Lösungen extrahierbar. D_{Rh}-Werte > 1 können erreicht werden. Sie sind stark abhängig von der Extraktionstemperatur und -zeit, von der Salpetersäurekonzentration der wäßrigen Phase und von der Art des Verdünners. Die Struktur der Alkylsubstituenten beeinflußt die Extraktionskraft der Thioether kaum. Auch der Einbau weiterer Donatorgruppen (O, N) in das Extraktionsmittelmolekül führt nicht zur Erhöhung des Extraktionsgrades. Nebenreaktionen der Salpetersäure mit dem Extraktionsmittel scheinen von großer Bedeutung für den Extraktionsmechanismus zu sein.

Rh(III) is extractable from nitric acid solutions of fission products and other wastes with thioethers at elevated conditions. D_{Rh}-values > 1 can be reached. They strongly depend on extraction temperature and -time, on nitric acid concentration of the aqueous phase and on the kind of diluent for the thioether. The structure of alkylgroup substituents does not remarkable influence the extraction power of thioethers. Insertion of further donator groups (O, N) into the extractant caeses no further advantage. Co-reactions of nitric acid with the extractant seems to be of essential importance for the extraction mechanism of the thioethers.

Keywords

fission products; kinetics; nitric acid; palladium; rhodium; solvent extraction; sulfides

1. Einleitung

In den Abfällen der Kernbrennstoffwiederaufarbeitung findet man Rhodium zu ca. 1 g/l; das entspricht einer Menge von ca. 0,6 t/a in einer Wiederaufarbeitungsanlage mit einer Kapazität von 1500 t Kernbrennstoff/a. Da die industrielle Bedeutung der Edelmetalle und auch des Rhodiums durch die Entwicklung einer Vielzahl von Katalyseverfahren [1–4] stark zugenommen hat, muß der Erschließung neuer Quellen (z.B. der Spaltprodukte) für diese Elemente erhöhte Aufmerksamkeit gewidmet werden.

Direkte Abtrennverfahren von Rhodium aus salpetersauren Lösungen sind kaum bekannt, meist werden Änderungen des Säuresystems vorgeschlagen [5]. Für die hochaktiven Lösungen der Spaltprodukte ist ein solches Herangehen nicht vorteilhaft. Da Rhodium, wie auch Palladium, mit schwefelorganischen Verbindungen, u. a. auch mit Thioethern [6, 7], Komplexe bildet, lag es nahe, Thioether und mehrzähnige Liganden mit Thioethergruppen als Extraktionsmittel zu testen.

Dabei war die Ermittlung von präparativ nutzbaren Extraktionsbedingungen und der Einfluß der verschiedenen Substituenten symmetrischer Thioether auf das Extraktionsvermögen von Interesse.

2. Experimentelles

$(RhNO_3)_3$-Lösungen

Die Herstellung der Lösungen erfolgte durch Fällen von Rhodiumoxidhydrat aus Rhodiumchloridlösungen. Um die Cl^--Ionen aus dem Niederschlag quantitativ zu entfernen, wurde dieser in heißer 7 N HNO_3 aufgelöst und erneut mit NaOH (5 N) gefällt. Diese Prozedur wurde wiederholt, der Niederschlag mit heißem $H_2O_{dest.}$ chloridfrei gewaschen, in heißer 7 N HNO_3 gelöst und mit HNO_3 $\gtrsim$0,1 N bis zur gewünschten Konzentration verdünnt. Diese Rh(III)-Nitratlösungen wurden drei Stunden am Rückfluß zum Sieden erhitzt bzw. 4–6 Wochen bei Raumtemperatur gealtert.

Extraktionsmittel

Die Thioether wurden nach bekannter Vorschrift aus den Bromiden hergestellt [8]. Die Synthese der Azadithia- bzw. Oxydithiaalkane und des Oxathiaalkohols wird in [6] beschrieben.

Verdünner

Als Verdünner wurden Benzen, Toluen, Xylen, Tetra, n-Hexan, n-Hexanol und Parex eingesetzt, die mit Ausnahme des technischen Produktes Parex von p. A. Qualität waren.

Analytik

Die Rhodiumkonzentration in wäßriger und organischer Phase wurde radiometrisch mit Hilfe des Nuklids ^{105}Rh (Halbwertszeit 35,6 h) bestimmt, das aus bestrahltem metallischem Ru (Gemisch ^{103}Ru, ^{105}Ru, ^{105}Rh) abgetrennt [9] und wie beschrieben in das Nitratsystem umgearbeitet wurde. Der Rhodiumgehalt der Stammlösung wurde gravimetrisch mit Thioalid bestimmt.

Versuchsdurchführung

Die Versuche wurden in thermostatierbaren Erlenmeyerkolben durchgeführt, die zur Kondensation der sich bei höheren Versuchstemperaturen bildenden Dämpfe mit

[1]) Anschrift: 7050 Leipzig, Permoserstr. 15

einem angeschmolzenen Kühler versehen waren. Dadurch konnte eine zufriedenstellende Reproduzierbarkeit der Versuche erzielt werden. Auftretende Abweichungen im Bereich kleiner Verteilungskoeffizienten können auf die im Extraktionssystem ablaufenden Reaktionen zurückgeführt werden (siehe Abschnitt 3 bzw. 4).

Das Phasenverhältnis wäßrig:organisch betrug stets 1:1. Wenn nicht anders vermerkt, wurden 1molare Lösungen der Thioether in n-Hexanol eingesetzt. Die Rhodiumkonzentrationen betrugen $8 \cdot 10^{-4}$ mol/l (kinetische Versuche) bzw. $2{,}6 \cdot 10^{-4}$ mol/l bei Untersuchungen zur HNO_3-Abhängigkeit der Verteilungskoeffizienten.

Synthese des Rhodium(III)-Dibenzylthioether-komplexes

250 mg Rhodium(III)chloridhydrat wurden in 0,35 ml konzentrierter HCl bei 70 °C gelöst. Anschließend wurden 0,615 g Dibenzylthioether zugegeben. Unter ständigem Rühren wurde Äthanol zugetropft, bis die Phasengrenze verschwand (ca. 2,5 ml). Danach wurde im Wasserbad auf 80 °C erhitzt (Rühren), bis nach ca. 5 Minuten ein voluminöser orangener Niederschlag ausfiel. Dieser Niederschlag wurde abgesaugt, mit H_2O und Äthanol gewaschen und aus Aceton umkristallisiert (Fp: 190–192 °C).

3. Versuchsergebnisse

3.1. Ermittlung der Extraktionsbedingungen

Die bisher beschriebenen Untersuchungen zur Extraktion von Palladium und Rhodium [10–12], die für Rhodium selbst nach Zugabe von Reduktionsmitteln im salzsauren Medium Verteilungskoeffizienten $D_{Rh} \leqq 1$ ergaben, wurden bei Normaltemperatur durchgeführt.

Die meisten Rhodiumkomplexe verhalten sich relativ inert gegenüber einem Ligandenaustausch. Das gilt in besonders extremer Weise für die im HNO_3-Lösungen praktisch ausschließlich vorliegenden Aquokomplexe.

Die hohe Aktivierungsenergie, die bei der Bildung extrahierbarer Rhodiumkomplexe aus diesemHexaquokomplex erforderlich ist, läßt bei Temperaturerhöhung erhöhte

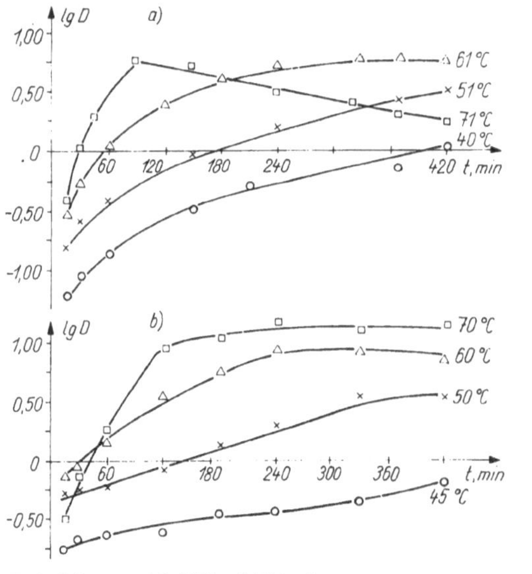

Abb. 1. Extraktion von Rh(III) mit Thioethern
a) Di-n-butylthioether;
b) Di-n-oktylthioether;
$c_{HNO_3} = 3{,}5$ M; $c_{Rh^{3+}} = 8 \cdot 10^{-4}$ M; cThioether = 1 M in n-Hexanol

Geschwindigkeit der Komplexbildung und damit mögliche Verbesserung der Rh-Extrahierbarkeit erwarten. Die Ergebnisse bestätigen diese Vermutung (Abb. 1).

Als Verdünner wurde n-Hexanol eingesetzt. Gegen die Verwendung der anderen untersuchten Verdünner spricht deren zu niedriger Siedepunkt bzw. die darin mit hoher Geschwindigkeit ablaufende Oxydation der Thioether durch HNO_3. Der Einsatz anderer wasserunlöslicher Alkohole mit genügend hohem Siedepunkt ist ebenfalls möglich.

Der Einfluß der Konzentration des Extraktionsmittels wurde im Bereich 0,01–1 M untersucht; es zeigte sich eine deutlich positive Wirkung des Extraktionsmittelüberschusses. Slope-Analysen zur Bestimmung der Ligandenzahl sind aber auf Grund der offensichtlich sehr komplexen Reaktionsabläufe bei der Extraktion nicht möglich. Es wurde deshalb versucht, die Zusammensetzung der extrahierten Komplexe über den Weg der Synthese und Elementaranalyse zu klären. Mit Dibenzylthioether gelang die Darstellung eines Rhodiumkomplexes, der als orangerotes Pulver anfiel. Im Gegensatz dazu wurden bei den Versuchen, Di-n-butyl bzw. Di-n-octylthioetherkomplexe zu isolieren, lediglich tiefrote zähe Öle erhalten.

Ein Vergleich der durch Elementaranalyse ermittelten Komplexzusammensetzung mit der des hypothetischen Rhodium-Thioether-Komplexes zeigt (Tab. 1), daß die beste Übereinstimmung der Werte für einen Komplex gefunden wurde, in dem Rhodium von drei Thioethermolekülen und drei Chloridionen umgeben ist. Die gefundenen zu niedrigen Werte für H und C, sowie der etwas erhöhte Cl-Wert lassen die Vermutung zu, daß es sich nicht um einen reinen Komplex handelt, sondern daß neben dem Tristhioetherkomplex auch noch Anteile an Bisthioetherkomplex vorhanden waren.

Tab. 1. Vergleich der Zusammensetzung der wahrscheinlichsten Rhodium-Dibenzylthioether-Komplexe mit der des synthetisierten Komplexes

	berechnet für [Rh(DBTE)₃Cl₃] %	 [Rh(DBTE)₂Cl₃] %	synth. Komplex gefundene Werte %
Rh	12,10	16,16	12,71*
S	11,27	10,04	11,19
Cl	12,51	16,71	13,74
H	4,93	4,39	4,58
C	59,19	52,71	57,78

Die Einflüsse der Mineralsäurekonzentration auf die Extraktion sind bekannt: Komplexbildung, Assoziatbildung, Konkurrenzreaktion. Die HNO_3-Konzentration beeinflußt aber nicht nur das Ausmaß, sondern auch die Geschwindigkeit der Rhodium(III)-Extraktion.

Die Ergebnisse deuten auf ungewöhnliche und komplizierte Vorgänge bei der Extraktion hin, da sich der Einfluß der HNO_3-Konzentration mit der Temperatur noch erhöht (Abb. 2).

Da die D_{Rh}-Werte bis 5 N HNO_3 bei 40 ... 50 °C ansteigen, bei 60 °C und $c_{HNO_3} > 4{,}2$ N nach Durchlaufen eines Maximums wieder abfallen, muß man einen Zusammenhang zu der bekannten Oxydation der Thioether zu Sulfoxiden und Sulfonen unter diesen Bedingungen annehmen.

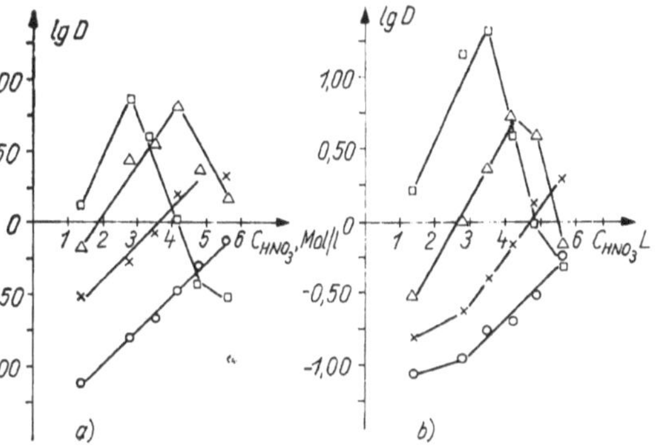

Abb. 2. Extraktion von Rh(III) in Abhängigkeit von der Salpetersäurekonzentration und der Temperatur
a) Di-n-butylthioether;
b) Di-n-oktylthioether;
$c_{Rh} = 2{,}6 \cdot 10^{-4}$ M; $c_{Thioether}$ = 1 M in n-Hexagonal; t_{mix} = 180 min;
○ – 40 °C; × 50 °C; △ – 60 °C; □ – 70 °C

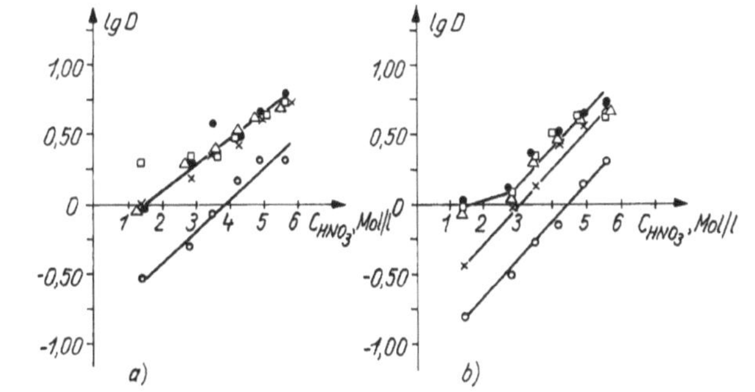

Abb.3. Extraktion von Rh(III) in Abhängigkeit von der Salpetersäurekonzentration und dem DMSO-Gehalt
a) Di-n-butylthioether;
b) Di-n-oktylthioether;
$c_{Rh} = 2{,}6 \cdot 10^{-4}$ M; $c_{Thioether}$ = 1 M in n-Hexanol; t = 50 °C; t_{mix} = 180 min;
○ – 0 Vol% DMSO; × – 1 Vol% DMSO; △ – 2,5 Vol% DMSO; □ – 5 Vol% DMSO; ● – 10 Vol% DMSO

Für alle weiteren Versuche wurden deshalb Bedingungen gewählt, die eine ausreichend gute Rhodiumextraktion bei gleichzeitig verminderter Thioetheroxydation garantieren: $c_{HNO_3} = 3-4$ N; $t = 50$ °C.

Die zur Realisierung von $D_{Rh} \gtrapprox 1$ noch erforderlichen langen Kontaktzeiten veranlaßten uns, die Wirkung des bekannten Accelerators Dimethylsulfoxid(DMSO) zu untersuchen (Abb. 3). Bereits 1 Vol% DMSO (bezogen auf das Volumen der wäßrigen Phase) verursacht einen deutlichen Effekt, der jedoch durch weiteren DMSO-Zusatz nicht verstärkt wird.

3.2. *Einfluß der Struktur der Thioether auf die Rh-Extraktion*

Die Koordination des Schwefels bei der Komplexbildung mit Pd und Rh kann als gesichert angesehen werden [13 bis 18]. Außerdem zeigt ein Vergleich der IR-Spektren von freiem Dibenzylthioether und dem des entsprechenden Rhodiumkomplexes im Bereich der C-S-Valenzschwingungen bei 470 cm^{-1} Verschiebungen. Im Komplex ist diese Schwingung um 10 cm^{-1} nach höherer Frequenz verschoben und weist zusätzlich eine Schulter auf.

Wenn bei der Extraktion von Rhodium(III) mit Thioethern Komplexbildung zwischen Rhodium und Schwefel stattfindet, sollte auch das Extraktionsvermögen der Basizitätsänderung des Schwefelatoms im Thioether proportional sein. Diese Basizität wird durch die Substituenten am Schwefelatom beeinflußt. Die experimentelle Bestimmung des *Lewis*-Basizität im Extraktionssystem erscheint schwierig. Der qualitative Einfluß der gewählten Substituenten ist jedoch hinlänglich bekannt.

Die Untersuchung einfacher Thioether (Tab. 2) bei 70 °C und $c_{HNO_3} = 3{,}5$ N sowie Zusatz von 10 Vol% DMSO (um die bei 70 °C zu erwartende Thioetheroxydation zurückzudrängen) bestätigt diese Annahme. Zwischen den n-Alkylthioethern bestehen entsprechend dem praktisch gleichen Substituenteneinfluß nur geringe Unterschiede (Abb. 4) im Extraktionsvermögen.

Tab. 2. Untersuchte Thioether R–S–R

Nr.	R	M
(*1*)	$-nC_4H_9$	146
(*2*)	$-nC_7H_{15}$	230
(*3*)	$-nC_8H_{17}$	258
(*4*)	$-nC_{10}H_{21}$	314
(*5*)	$-C_6H_5$	186
(*6*)	$-CH_2-C_6H_5$	214

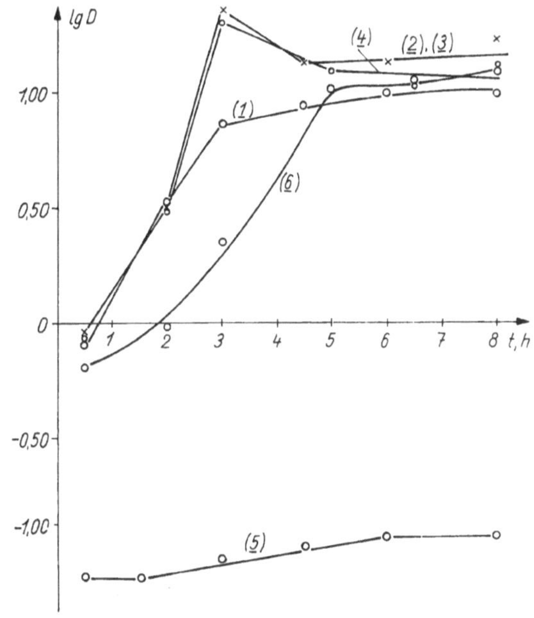

Abb. 4. Extraktion von Rh(III) aus salpetersauren Lösungen mit verschiedenen Thioethern
$c_{Rh} = 8 \cdot 10^{-4}$ M; c_{HNO_3} = 3,5 M; $c_{Thioether}$ = 1 M in n-Hexanol; t = 70 °C; 10 Vol% DMSO

Systematisch vergleichende Untersuchungen mit Di-n-butylthioether (1) und Di-n-oktylthioether (3) deuten darauf hin, daß die bessere Wasserlöslichkeit des ersteren das Extraktionsvermögen aus schwächer salpetersauren Lösungen verbessert. Diese Tendenz wird durch Zusatz von 1 Vol% DMSO noch verstärkt. Der Einfluß der Phenyl- bzw. Benzylsubstituenten entspricht ihrer Wirkung auf die Elektronegativität benachbarter Donatoratome. Diphenylthioether (5) extrahiert Rhodium deutlich schlechter, Dibenzylthioether (6) ähnlich wie die Alkylthioether (Abb. 4). Zu Extraktionsbeginn auftretende Unterschiede sind in diesem Falle möglicherweise auf das andere Lösungsverhalten von (6) in n-Hexanol zurückzuführen, da Dibenzylthioether die einzige feste Verbindung (F_p: 46 °C) in der untersuchten Reihe ist.

Tab. 3. Neutralliganden mit Bisthioethergruppen

Nr.	Name/Formel	M
(*7*)	10-n-Hexyl-7,13-dithia-10-azanona-decan	
	$n\text{-}C_6H_{13}S-C_2H_4-N(n\text{-}C_6H_{13})-C_2H_4-S-n\text{-}C_6H_{13}$	389
(*8*)	10,13-Dioxa-7,16-dithiadocosan	
	$n-C_6H_{13}S-C_2H_4-O-C_2H_4-O-S-n-C_6H_{13}$	350
(*9*)	10,13,16-Trioxa-7,19-dithiapentacosan	394
	$n-C_6H_{13}S-C_2H_4-O-C_2H_4-O-C_2H_4-O-C_2H_4-S-n-C_6H_{13}$	
(*10*)	10,13-Dioxa-7-thiapentadekanol-15	250
	$n\text{-}C_6H_{13}S-C_2H_4-O-C_2H_4-O-C_2H_4-OH$	

Da Rhodium(III) unter bestimmten Bedingungen mit Aminen sehr gut extrahierbar ist [19], wurden vier Neutralliganden mit Bisthioethergruppen getestet, die neben Schwefel noch Sauerstoff bzw. Stickstoff enthalten. Diese zusätzlichen Koordinationszentren und das zweite Schwefelatom in jeder Verbindung versprachen bessere Extraktionseigenschaften für Rhodium (Tab. 3). Extraktionsversuche mit den Azadithia- bzw. Oxadithialkanen (7–9) und dem Oxathiaalkohol (10) bestätigen diese Erwartungen nicht (Abb. 5).

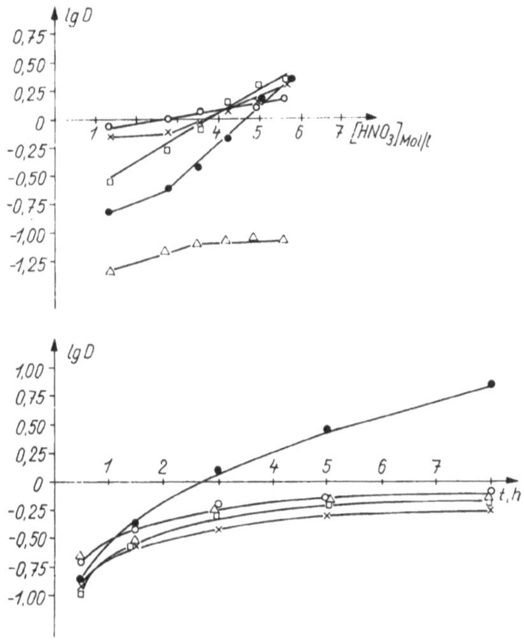

Abb. 5. Extraktion von Rh(III) aus salpetersauren Lösungen mit mehrzähnigen schwefelhaltigen Komplexbildnern

$c_{Rh} = 8 \cdot 10^{-4}$ M; $c_{HNO_3} = 3{,}5$ M; $c_{Thioether} = 0{,}1$ M in n-Hexanol (○ 1 M); $t = 50$ °C; 1 Vol% DMSO;

× – (7), ○ – (9), △ – (8), – □ (10), ● – (3)

Ihr Extraktionsvermögen gleicht dem der einfachen Thioether bzw. ist geringer; ein Hinweis für die bevorzugte Bindung des Rhodiums an Schwefel. Ob die weiteren Donatoratome keinen Chelateffekt aus sterischen Gründen geben oder weil sie im Extraktionssystem oxidiert werden, kann aus den Ergebnissen nicht abgeleitet werden.

4. Diskussion und Schlußfolgerungen

Thioether sind unter bestimmten Bedingungen wirksame Extraktionsmittel zur direkten Abtrennung von Rhodium (III) aus salpetersaurem Medium. Das Extraktionsvermögen der untersuchten Verbindungen steht in engem Zusammenhang mit der Basizität des Schwefelatoms.

Di-n-alkylthioether zeigen kaum Unterschiede im Extraktionsverhalten, da die Verfügbarkeit des freien Elektronenpaares am Schwefelatom durch Veränderung der Alkylreste kaum beeinflußt wird.

Der praktische Aspekt dieses Ergebnisses besteht vor allem im Nachweis der Eignung aller Alkylverbindungen zur Rhodiumextraktion.

Damit kann die Wahl des Alkylrestes im Extraktionsmittel durch Kosten und Verfügbarkeit der Ausgangsprodukte bestimmt werden. Da außerdem die Größe des D_{Rh} von der molaren Konzentration der Thioether bestimmt wird, ist den leichter verfügbaren niedermolekularen Thioethern der Vorzug zu geben. Weitere, die Ökonomie des Rh-Extraktionsverfahrens beeinflussende Faktoren sind die starke Abhängigkeit der Rhodiumextraktion von der Temperatur und der Säurekonzentration.

Durch die Realisierung des Extraktionsvorganges erforderliche Temperatur und Salpetersäurekonzentration wird die Bildung von Sulfoxiden im Extraktionsverlauf nicht ausgeschlossen. Sulfoxide sind selbst Extraktionsmittel, die neben dem Schwefel- ein Sauerstoffatom als mögliche Koordinationsstelle besitzen, und Rhodiumkomplexe mit DMSO sind bekannt [20, 21]. Es lag daher nahe, Sulfoxide als die eigentlichen Extraktionsmittel anzusehen.

Die Verteilungskoeffizienten bei Verwendung von Di-n-oktylsulfoxid lagen jedoch unter 10^{-1}, so daß die extraktive Wirkung von Sulfoxid allein ausgeschlossen werden konnte. Auch Thioether/Sulfoxid-Gemische, sowie ohne Rhodium (III)-zugabe unter sonst gleichen Bedingungen mit Salpetersäure vorbehandelte Systeme brachten keine wesentliche Veränderung der Extraktion und Extraktionsgeschwindigkeit von Rhodium. Der Einfluß von DMSO hingegen, das als universelles Lösungsmittel bekannt ist, dürfte auf die sehr gute Wasserlöslichkeit dieses Stoffes zurückzuführen sein.

Ob in der wäßrigen Phase Übergangskomplexe unter Beteiligung von DMSO-Liganden gebildet werden, oder ob DMSO lediglich lösungsvermittelnd wirkt, kann anhand der durchgeführten Experimente nicht entschieden werden. Eine weitere Erklärungsmöglichkeit könnte in der translabilisierenden Wirkung zu sehen sein, die schwefelkoordiniertes DMSO in bestimmten Komplexen besitzt [22].

Zur Klärung des Extraktionsmechanismus bedarf es weiterer Untersuchungen, insbesondere hinsichtlich der Rolle der im System gebildeten NO-Produkte.

Für die Durchführung der Elementaranalyse danken wir Herrn *G. Wünsche*, KMU Leipzig, Sektion Chemie.

Eingegangen am 24. 1. 1984

Literatur

[1] *K. Fujimoto, M. Kameyama, Y. abe*, Sekiyu Gakkaishi **24** (1981) 233
[2] *H. Arai, M. Uchida, H. Tominaga*, Nippon Kagaku Kaishi **1981**, 919
[3] *J. Brocoff, R. Constantini*, Brit. Pat. 1, 578, 149
[4] *T. Onadera, T. Sakai, Y. Yamasaki, K. Sumitani, M. Sukeoa*, Rur. Pat. Appl. 27, 157
[5] BRD-Patent DE-PS 1175442
[6] *E. Fritsch, B. Gorski, M. Beer, J. Beger, R. Jacobi*, Z. Chem. **23** (1983) 193

[7] *J. E. Fergusson, J. D. Karran, S. Seevaratnam*, J. Chem. Soc. **1965**, 2627
[8] Autorenkollektiv, Organikum, 10. Auflage Berlin: VEB Deutscher Verlag der Wissenschaften, S. 231
[9] *M. Knothe*, Isotopenpraxis **16** (1980) 194
[10] *J. Prihoda*, J. Radioanal. Chem. **51** (1979) 233
[11] *O. S. Shelkovnikova, A. W. Nikolaev, P. I. Novoselov*, Izv. Sib. Otd. AN SSSR 7(3) (1976) 28
[12] *A. W. Nikolaev, R. I. Novoselov, O. S. Shelkovnikova, A. M. Erenburg, B. I. Peshchevitsky*, Izv. Sib. Otd. AN SSR **5** (1977) 44
[13] *P. Markl*, Z. Anat. Chem. **271** (1974) 7
[14] *D. C. Kennedy, J. S. Fritz*, Talanta **17** (1979) 823
[15] *V. A. Nikolaev, V. G. Torgov, V. N. Andrievskii* u. a., Zh. Neorg. Khim. **15** (1970) 1336
[16] *W. A. Pronin, M. V. Usoltseva, Z. M. Shastina, V. A. Trofimov, E. P. Vyalykh*, Zh. Neorg. Khim. **22** (1971) 171
[17] *P. A. Lewis, D. F. C. Morris, E. L. Short, D. N. Waters*, J. Less-Common Met. **45** (1976) 193
[18] *W. J. Sokol, M. A. Porai-Koshic*, Koord. Khim. **1** (1975) 577
[19] *B. Gorski, M. Beer, L. Rusz*, Vortrag XXXIII. BHT Freiberg 1982
[20] *H. B. Henbest, J. Trocha-Grimshaw*, J. C. S. Perkin I (1974) 607
[21] *Y. N. Kukushkin, N. D. Rubzowa*, Zh. Neorg. Khim **14** (1969) 1867
[22] *L. Beyer*, Dissertation B, Univ. Leipzig 1978

Isotopenpraxis **21** (1985) 2, S. 69 bis 70

Kurze Originalmitteilungen

Untersuchungen zum Adsorptions-Desorptiosverhalten von $^{131}I^-$ an Al_2O_3

G. Bernhard

(Akademie der Wissenschaften der DDR, Zentralinstitut für Kernforschung Rossendorf)[1])

Keywords

adsorption; aluminium oxides; fission products; iodine 131; molybdenum 99; uranium

Bei der Spaltmolybdänherstellung im ZfK Rossendorf wird das ^{99}Mo aus der Lösung des Kernbrennstoffs und der anderen Spaltprodukte mittels eines Batch-Verfahrens durch Adsorption an Al_2O_3, ähnlich des *Tucker*-Prozesses [1] abgetrennt. Nach einem Waschprozeß wird das $^{99}MoO_4^{--}$ mit 1 N Ammoniaklösung desorbiert [2].

Neben dem $^{99}MoO_4^{--}$ werden auch andere anionisch vorliegende Spaltprodukte wie Iod (I^-; IO_3^-), Ruthenium (RuO_4^-) und Tellur (TeO_3^{--}; TeO_4^-) sowie Zirkonium als ZrO_2-Hydrolysat am Aluminiumoxid adsorbiert und können gleichfalls in das ammoniakalische Eluat gelangen. Um eine sichere Handhabung dieser Eluate unter den Verfahrensbedingungen zu gewährleisten, muß die ^{131}I-Aktivität im Eluat bei dieser Prozeßstufe $< 10\%$ betragen.

Nach einer anschließenden Feinreinigung beträgt der ^{131}I-Gehalt $< 10^{-3}\%$, bezogen auf die ^{99}Mo-Aktivität in den Lösungen zur $^{99}Mo/^{99m}Tc$-Generatorproduktion. Das Adsorptions-Desorptionsverhalten von $^{131}I^-$ an Al_2O_3 wird in Abhängigkeit von den Prozeßparametern Acidität, Quecksilberkonzentration und Salzgehalt untersucht.

Versuchsdurchführung

In einer Kapsolutflasche werden zu 10 ml der zu untersuchenden Lösung, die $^{131}I^-$-Aktivität enthält, 1,6 g Al_2O_3 (chloridfrei gewaschen, VEB Chemiewerk Greiz-Dölau) gegeben. Nach einer Schüttelzeit von 30 min wird der Flascheninhalt in eine Generatorsäule entleert. Das Al_2O_3 wird mit 5 ml 0,1 N HNO_3, 5 ml H_2O und 5 ml 0,01 N NH_3 gewaschen, bevor mit 10 ml 1 N NH_3 eluiert wird. Den Lösungen werden jeweils Aktivitätsmeßproben entnommen. Die Berechnung des Verteilungskoeffizienten der Adsorptions K_{d_A} und der Desorption K_{d_D} erfolgt wie in [3] beschrieben.

Die bei der Spaltmolybdänproduktion anfallende Targetelementlösung hat die in der Tab. 1 angegebene Zusammensetzung.

[1]) Anschrift: 8051 Dresden, PF 19

Tab. 1. Zusammensetzung der Targetelementlösung

Substanz	Konzentration g/l
$Al(NO_3)_3$	329,4
$UO_2(NO_3)_2$	8,5
HNO_3	15,8
$Hg(NO_3)_2$	0,3
Si/SiO_2	ca. 1

Für die Laboruntersuchungen wurden entsprechende unbestrahlte Targetelementabschnitte unter Hg^{++}-Zusatz aufgelöst und die $^{131}I^-$-Aktivität zugesetzt. Zur Untersuchung des Hg^{++}-Einflusses auf die $^{131}I^-$-Adsorption wurden entsprechende Modellösungen ohne Hg^{++}-Zusatz hergestellt. Die Bestimmung des $^{131}I^-$-Gehaltes in den Eluaten der Spaltmolybdänproduktion erfolgte nach Probennahme aus der Anlage durch radiodünnschichtchromatographische oder elektrophoretische Trennung [4] und γ-spektrometrische ^{131}I-Bestimmung.

Ergebnisse

In Abb. 1 ist die Abhängigkeit des Adsorptionsverteilungskoeffizienten K_{d_A} für $^{131}I^-$ von der Acidität der Targetelementlösung dargestellt. Nach dem Durchlaufen eines Maximums bei einer Säurekonzentration um 0,1 N fällt der K_{d_A}-Wert mit steigender Acidität. Im Aciditätsbereich der ^{99}Mo-Abtrennung (0,1 – 0,3 N) ist der K_{d_A}-Wert für $^{131}I^-$ bei Anwenseheit von Hg^{++} um ca. eine Größenordnung geringer. Das bedeutet, daß auch um diesen Faktor die $^{131}I^-$-Verunreinigungen im Eluat geringer sind.

Abb. 2 zeigt die Abhängigkeit des Adsorptionsverteilungskoeffizienten K_{d_A} für $^{131}I^-$ von der Hg^{++}-Konzentration. Das Löslichkeitsprodukt für HgI_2 beträgt $3{,}2 \cdot 10^{-29}$ [5]. Es ist zu erkennen, daß eine erhebliche Senkung des K_{d_A}-Wertes für $^{131}I^-$ dann eintritt, wenn das Löslichkeitsprodukt des HgI_2 erreicht wird. Bedingung ist aber, daß die entstehende HgI_2-Menge physikalisch gelöst bleibt.

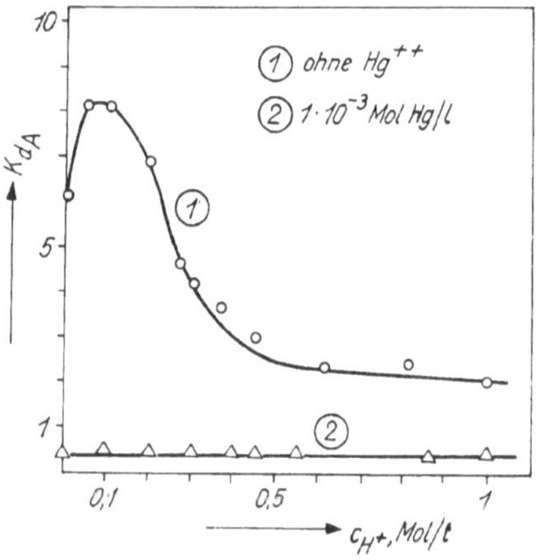

Abb. 1. Abhängigkeit des Adsorptionsverteilungskoeffizienten K_{dA} für $^{131}I^-$ an Al_2O_3 von der Acidität der Targetelementlösung

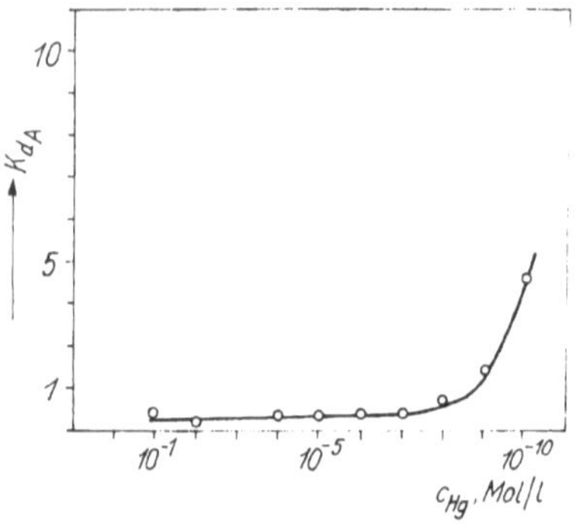

Abb. 2. Abhängigkeit des Adsorptionsverteilungskoeffizienten K_{dA} für $^{131}I^-$ an Al_2O_3 von der Hg^{++}-Konzentration

0,1 N HNO_3, $3{,}7 \cdot 10^4$ Bq ^{131}I; $7{,}4 \cdot 10^{11}$ Bq/mg I

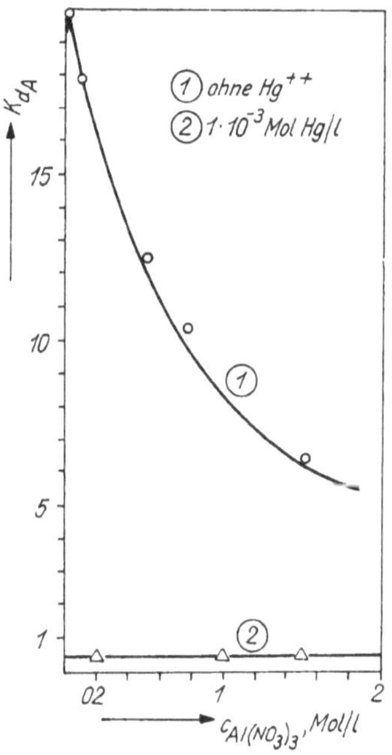

Abb. 3. Abhängigkeit des Adsorptionsverteilungskoeffizienten K_{dA} für $^{131}I^-$ an Al_2O_3 von der $Al(NO_3)_3$-Konzentration

Ein HgI_2-Niederschlag wird in Abhängigkeit von der Waschlösungsmenge durch das Al_2O_3 durchgewaschen und kann ebenfalls bis in das Eluat gelangen. In der Abb. 3 ist der Adsorptionsverteilungskoeffizient K_{d_A} für I^- an Al_2O_3 in Abhängigkeit von der Aluminiumnitratkonzentration dargestellt. Mit zunehmender Salzkonzentration ist ein Absinken des K_{d_A}-Wertes festzustellen. Aus Abb. 1 und 3 ist zu erkennen, daß bei Anwesenheit von Hg^{++} der K_{d_A}-Wert für I^- weitgehend unabhängigkeit von der Acidität und dem Salzgehalt der Lösung ist.

Der Verteilungskoeffizient der Desorption K_{d_D} von I^- vom Al_2O_3 ist bei konstanter Adsorptionstemperatur von den unterschiedlichen Adsorptionsbedingungen (Acidität, Salzgehalt) unabhängig und beträgt bei der Desorption mit 1 N Ammoniaklösung im Mittel 0,12. Somit hat der Adsorptionsverteilungskoeffizient wesentlichen Einfluß auf den ^{131}I-Gehalt in dem ammoniakalischen Eluat. Es werden ca. 90% der adsorbierten Aktivität auch wieder desorbiert.

Diskussion

Ein wichtiges Kriterium für die nuklearmedizinische Anwendung von ^{99}Mo ist eine hohe radiochemische Reinheit. So sollte in $^{99}Mo/^{99m}Tc$-Generatoreluaten der ^{131}I-Gehalt $< 10^{-3}$, bezogen auf die Tc-Aktivität sein.

Schon bei der Abtrennung des ^{99}Mo an Al_2O_3 kann durch die Überführung der $^{131}I^-$-Aktivität in Hg $^{131}I_2$ eine Senkung des $^{131}I^-$-Gehaltes im Eluat um einen Faktor > 10 erreicht werden.

Bei der Spaltmolybdänherstellung im ZfK Rossendorf wird diese durch die notwendige Hg^{++}-Zugabe bei der Auflösung des Targetelements und eine Hg^{++}-Zugabe vor der Adsorption des ^{99}Mo am Al_2O_3 gewährleistet. Unter diesen Prozeßbedingungen beträgt der K_{d_A}-Wert für $^{99}MoO_4^{--}$ ca. 200 und für $^{131}I^-$ ca. 0,5.

Eingegangen am 4. 1. 1984

Literatur

[1] *W. D. Tucker, M. W. Greene, A. P. Murrenhoff,* Atompraxis 8 (1962) 163

[2] *R. Münze, O. Hladik, G. Bernhard, W. Boeßert, R. Schwarzbach,* Int. J. Appl. Rad. and Isot. 35 (1984) 749

[3] *G. Bernhard,* Isotopenpraxis 10 (1983) 351

[4] *H. Behrens,* Z. analyt. Chem. 236 (1968) 396

[5] *M. S. Sherril,* Z. phys. Chem. 43 (1903) 705

Isotopenpraxis 21 (1985) 2, S. 70 bis 72

Tagungsberichte

Study Tour on Radiation Techniques in Industry — France, GDR, USSR, CSSR, and Hungary — 7. Mai bis 9. Juni 1984 (DDR 12. bis 19. Mai 1984)

Vom 12. bis 19. Mai 1984 führte die von der IAEA organisierte Studientour „Strahlungstechniken in der Industrie" durch die DDR. Die Vorbereitung und Durchführung für diesen Teil der Studientour oblag in Zusammenarbeit mit dem Staatlichen Amt für Atomsicherheit und Strahlenschutz der DDR dem Zentralinstitut für Isotopen- und Strahlenforschung (ZfI). Unter seiner Federführung wurde das Programm gemeinsam mit dem Institut für Technologie der Polymere (Dr. *Heger*); der Karl-Marx-Universität Leipzig, Außenstelle Jena (Prof. *Hennig*, Dr. *Flachowsky*), der Humboldt-Universität Berlin (Doz. Dr. *Proesch*), dem Zentrum für Wassertechnik Dresden (Dr. *Wissel*, Dr. *Böhler*), dem VEB Kombinat Wassertechnik und Projektierung Wasserwirtschaft Halle (*Girod*) und dem VEB Keradentawerke Radeberg (Dr. *Müller*) zusammengestellt. An der Studientour nahmen 21 Physiker und Chemiker aus 18 Ländern und 2 Vertreter der IAEA teil. Die Besucher kamen aus Europa (7, Bulgarien, Polen, Portugal, Rumänien, Spanien), Asien (10, Iran, Malaysia, Pakistan, Philippinen, Singapore, Thailand, Türkei, Vietnam, Indien), Afrika (2, Ghana, Sudan) und Amerika (2, Kolumbien, Peru).

Die Studientour umfaßte ein umfangreiches wissenschaftliches und kulturelles Programm. Der wissenschaftliche Teil enthielt folgende Schwerpunkte:

- Strahlentechnologie
- Chlorierung von PVC
- Abwasserbestrahlung
- Polymerprozesse und
- Degradation von Zellulose

Das Programm, an dessen Gestaltung über 40 Wissenschaftler beteiligt waren, wurde in die Teile

- Grundlagenforschung in der Strahlentechnologie (6 Vorträge)
- Strahlentechnologie (8)
- Strahlenchemie in Gassystemen (3)
- Besuch von Laboratorien des ZfI
- Besuch je eines Systems zur Bestrahlung von Brunnen und von Lebensmitteln in der Praxis
- Exkursion nach Dresden, Radeberg und Meißen — Besichtigung eines Elektronenbeschleunigers und einer Gammabestrahlungsanlage zur Strahlensterilisierung

gegliedert.

Nach der Eröffnung der Studientour durch den Direktor des Zentralinstituts für Isotopen- und Strahlenforschung, Prof. Dr. Dr. *K. Wetzel*, informierte Prof. *Leonhardt* (ZfI) in einem Plenarvortrag über den Stand der Strahlenforschung in der DDR. Besonderes Interesse der Teilnehmer galt dabei sowohl der dargestellten Vielfalt der Forschungsthemen am ZfI wie auch dem hohen Anteil der Nutzung der Ergebnisse in Industrie und Landwirtschaft, insbesondere aber der Vielfalt tragfähiger Entwicklungslinien.

Den Anwendungsmöglichkeiten der Pulsradiolyse waren die Vorträge von Dr. *Mehnert*, Dr. *Brede* und Dr. *Hermann* gewidmet. Dr. *Mehnert* (ZfI) referierte über die Pulsradiolyse als Methode zur Untersuchung von chemischen Reaktionen kurzlebiger Zwischenzustände, und Dr. *Brede* (ZfI) befaßte sich mit der pulsradiolytischen Untersuchung freier Radikale. Ein Besuch des Pulsradiolyselabors unter Leitung von Dr. *Mehnert* gestattete Einsichtnahme in die praktische Arbeit und eine detaillierte Diskusion der Vorträge. Im Mittelpunkt des von Dr. *Bös* gehaltenen Vortrags standen die Möglichkeiten der Untersuchung strahleninduzierter Elementarprozesse in organischen Gläsern Über die Anwendung der ESR-Spektroskopie bei der Untersuchung von Primärprozessen in der Strahlenchemie wurde von Dr. *Beckert* (ZfI) informiert.

Der zweite Themenkomplex befaßte sich mit der Strahlungstechnologie. Er wurde mit einem Vortrag von Dr. *Hübner* (ZfI) zur Bestrahlung von Lebensmitteln eingeleitet, der zu einer lebhaften Diskussion über die Möglichkeiten und die Ergebnisse der Arbeiten führte, welche sich bei einem Besuch der Versuchsanlage in der LPG in Weideroda später fortsetzte, da diese Problematik insbesondere bei den asiatischen Teilnehmern größtes Interesse hervorrief. Dr. *Friese* (ZfI) beschäftigte sich in seinen Vorträgen mit der Chlorierung von PVC und mit der strahleninduzierten Pfropfung. Dr. *Reinhardt* (ZfI) berichtete über den Einsatz einer transportablen Gammabestrahlungsanlage mit hoher Dosisrate (HWK-3) auf der Basis von Zäsium-137, einer Anlage, die beim späteren Besuch und der damit verbundenen Demonstration ihrer Arbeitsweise große Beachtung fand. Durch Dr. *Böhler* (Forschungszentrum Wassertechnik Dresden) wurde ein Verfahren zur Verhinderung der Verockerung von Brunnen durch Gammabestrahlung vorgestellt. Eine Filmvorführung lieferte hierzu schematische Ergänzungen und bereitete den anschließenden Besuch von 3 Brunnen bei Seifertshain vor. Hier wurden vor Ort die Wirkungsweise der Anlage, der Aufbau und die Funktion demonstriert. Dr. *Flachowsky* (Karl-Marx-Universität Leipzig, Außenstelle Jena) berichtete über neue Ergebnisse bei der Strahlenbehandlung von Futtermitteln.

Den dritten Themenkomplex zur Strahlenchemie in Gassystemen eröffnete der Beitrag von Doz. Dr. *Proesch* (Humboldt-Universität Berlin) zur Strahlenchemie von Fluorkohlenwasserstoffen. Dr. *Große* sprach über strahleninduzierte Ionisationseffekte und ihre Verwendung für analytische Kontrollsysteme, insbesondere bei Meß- und Überwachungsproblemen in der Mikroelektronik und beim Umweltschutz, und Dr. *Popp* befaßte sich mit der Strahlenbehandlung industrieller Abgase, insbesondere mit den Möglichkeiten strahlentechnischer Rauchgasentschwefelung. Herr *Remer* berichtete über Dosisfelderberechnungen für Gammastrahlungsanlagen und Dr. *Schulze* sprach zur Vorbereitung und Organisation des Strahlenschutzes für Anlagen mit hoher Dosisrate am ZfI.

Ein Besuch von Laboratorien mit Führung, Diskussion und Demonstration zeigte die Arbeitsmöglichkeiten im ZfI und regte zu zahlreichen engeren Kontakten in kleineren Gruppen an. Im einzelnen wurden die Labors der

- Massenspektrometrie (Dr. *Rohmer*)
- Pulsradiolyse (Dr. *Mehnert*)
- Autoradiographie (Dr. *Freyer*)
- PIXE (Prof. Dr. *Brunner*)
- Gerätesysteme für Meßnetze in Industrie und Umweltschutz — Gasanalyse — (Dr. *Große*)
- HWK-3 (Dr. *Reinhardt*)
- Röntgenfluoreszenzanalyse (Dr. *Thümmel*)
- ESR (Prof. *Faust*)
- Gammabestrahlungsanlage PANORAMA (Dr. *Bös*) und das
- Praktikum (Dr. *Bergmann*)

besucht.

Eine Ganztagsexkursion nach Dresden, Radeberg und Meißen war mit einem Besuch des Elektronenbeschleunigers im Institut für Technologie der Polymere (ITP) der Akademie der Wissenschaften der DDR und der ^{60}Co-Bestrahlungsanlage zur Sterilisation in Radeberg verbunden. Im Mittelpunkt des Besuches im ITP standen die Anwendung des Elektronenbeschleunigers zur Textilmodifizierung im industriellen Einsatz.

Ein Höhepunkt des Tages war der Besuch der Bestrahlungsanlage in den VEB Keradentawerken Radeberg. Unter taschendosimetrischer Überwachung wurde der Bestrahlungs- und der Transportbereich der Anlage zur Strahlensterilisierung medizinischer Artikel besichtigt. Die Funktionsweise und das Sicherungssystem der Anlage wurden bei „getauchter" Strahlungsquelle demonstriert.

Eine Diskussion mit allen Vortragenden und den Leitern der besichtigten Labors und Vertretern des ITP beendete das wissenschaftliche Programm. Hier zeigte sich noch einmal das besondere Interesse der Teilnehmer an folgenden Anwendungs- oder Fachgebieten:

- Bestrahlung von Lebens- und Futtermitteln zur Haltbarkeitsverlängerung
- Strahlenaufschluß landwirtschaftlicher Abprodukte
- Konstruktion und Auslegung von Bestrahlungsanlagen, speziell der HWK-3 und der Panoramaanlage Dosisverteilungsberechnungen
- Möglichkeiten der Textilmodifizierung
- Strahlentechnik im Umweltschutz
- Strahlensterilisierung von medizinischen Artikeln
- Röntgenfluoreszenzanalyse und PIXE von festen Proben
- Massenspektrometrie
- Autoradiographie
- ESR
- Pulsradiolyse

Eine Veröffentlichung der Vorträge in den ZfI-Mitteilungen ist geplant.

J. Baumbach

Eingegangen am 4. 9. 1984

Isotopenpraxis 21 (1985) 2, S. 72 bis 76

Buchbesprechungen

Werkstoffwissenschaften
Eigenschaften, Vorgänge, Technologien

B. Ilschner. Berlin — Heidelberg — New York: Springer 1982. 214 S., 181 Abb., 25 Tab.; geheftet DM 58,—

Mit Werkstoffen sind wir in allen Bereichen unseres beruflichen und privaten Lebens konfrontiert. Eine große Gruppe der Menschheit nimmt sie als gegeben hin, wobei die kritischeren unter ihnen mehr oder weniger erfreut über deren gute oder verärgert über ihre schlechten Eigenschaften sind. Eine kleinere Gruppe, zu der naturgemäß in erster Linie die Fachleute auf den Gebieten der Werkstoffentwicklung und der Werkstoffherstellung, aber auch die im Maschinen- und Apparatebau, der Herstellung von Gebrauchsgütern aller Art, dem Instandhaltungswesen und noch einer ganzen Reihe anderer Wirtschaftszweige tätigen Techniker, Ingenieure und Wissenschaftler gehören, muß sich eingehender mit den verschiedensten Werkstoffproblemen auseinandersetzen.

Das tiefere Eindringen in spezielle Gebiete der Werkstoffwissenschaft und Werkstofftechnik setzt bestimmte einschlägige Grundkenntnisse voraus, die in dem vorliegenden Buch in großer Breite vermittelt werden. Straffe, verständliche Formulierungen, verbunden mit gut ausgewähltem Bildmaterial, mehreren Tabellen und unterdruckten Hervorhebungen, Übersichten und Zusammenfassungen erleichtern und unterstützen die Stoffaufnahme.

In zwei einleitenden Abschnitten werden u. a. Probleme der Rohstoffressourcen, der Substitution, des Recycling und die Zusammenhänge Werkstoffe—Energie und Werkstoffe—Umwelt sowie Werkstoffgruppen und Werkstoffeigenschaften sehr kurz dargelegt. Die folgenden 11 Hauptabschnitte konzentrieren sich im wesentlichen auf metallische Werkstoffe. Bei der Behandlung der Herstellungs- und Verarbeitungsverfahren sowie der Werkstoffeigenschaften wird darüber hinaus auch auf Keramik, Glas und Kunststoffe eingegangen. In verschiedenen Abschnitten, wie z. B. „Das Mikrogefüge und seine Merkmale" oder „Gleichgewichte", wobei in letzterem u. a. die Zustände und Phasen, die Kinetik der Umwandlungen, das thermodynamische Potential und die Entropie sowie die Zustandsdiagramme behandelt werden, wird auch auf die wesentlichen meßtechnischen Hilfsmittel und Bestimmungsmethoden eingegangen, was in Abschnitten wie „Diffusion. Atomarer Platzwechsel" oder „Korrosion und Korrosionsschutz" nicht der Fall ist. Über die atomare Bindung und Struktur der Materie, Zustandsänderungen und Phasenumwandlungen, Vorgänge an Grenzflächen sowie Festigkeit, Verformung und Bruch wird in den restlichen Hauptabschnitten geschrieben. Abschließend finden die Verfahren der zerstörungsfreien Werkstoffprüfung Erwähnung.

Nicht ungesagt bleiben soll, daß in diesem modernen Buch über Werkstoffwissenschaften, in dem die verschiedensten zugehörigen Meß-, Prüf- und Untersuchungsverfahren ihren Platz fanden, die oft außerordentlich vorteilhaften radiometrischen Verfahren wie z. B. die Autoradiografie, abgesehen von der Gammadefektoskopie, ohne jede Beachtung geblieben sind. *J. Holzhey*

Bauphysikalische Entwurfslehre
Bautechnischer Wärme- und Feuchtigkeitsschutz

F. Eichler, H. Arndt. Berlin: VEB Verlag für Bauwesen 1982. 474 S., 663 Abb., 206 Tab., 252 (meist dt.) Lit.; Leinen M 78.— (DDR); M 86,— (Ausland)

Ausgehend vom hohen Anteil des Gebrauchsenergieeinsatzes für die Raumheizung (in der DDR 36%) wendet sich das Buch unter grundsätzlichen und aktuellen energieökonomischen Aspekten allgemeinen bautechnischen Konstruktionsprinzipien zu und behandelt deren Lösung bis ins Detail (im Industrie-, Gesellschafts- und Wohnungsbau, bei Großblockbauweise und für Einfamilienhäuser, freistehend und in Zeile, am Beispiel des Daches, des Schornsteins, des Fußbodens, der Fenster etc. pp.). Die Darlegungen lassen die energiebewußte Position der Autoren, ihre sachlich kritische Haltung gegenüber vielfach angebotenen bautechnischen Lösungen von heute und gestern deutlich werden, und sie geben konkrete Anleitung im Detail zur Vermeidung bauphysikalischer Mängel in der Konstruktion und der Ausführung. Unzureichende Maßnahmen zur Wärmedämmung des Gebäudes lassen sich durch Aufwendungen für wärme- und lüftungstechnische

Anlagen im Interesse des Nutzers des Gebäudes nicht wirtschaftlich ausgleichen.

Die Autoren verlegen Fakten weitgehend in die zahlreichen Tabellen, Übersichten in meist mehrfarbigen Abbildungen, so daß der Inhalt des Textes leicht verständlich wird. Bilder von Beispiel- und Schadensfällen veranschaulichen die Darlegungen, ausführliche Rechenbeispiele helfen bei der Umsetzung des angebotenen Wissens auf eigene Probleme. Dabei ist ein bis auf Ausnahmen nahezu vollständiger Übergang zu den SI-Einheiten erreicht worden. Schwierigkeiten wird der naturwissenschaftlich orientierte Leser gelegentlich mit fehlerhafter oder nicht normgerechter Ausdrucksweise bei physikalischen Größen, mathematischen Begriffen und chemischen Bezeichnungen (Menge, Masse, Masse pro Fläche; Strahlungsgrößen, Darstellung zeitbezogener Größen, Amplitude, Ethylen, ..., Acetylen), sowie durch den unvollständigen Umgang mit Einheiten in Größengleichungen (lineare Ausdehnung, Größen zum Feuchtigkeitstransport, Temperaturgradient) haben, was sich bei einer 2. Auflage aber beheben lassen wird.

Das Buch kann als stark erweiterter Nachfolger der erfolgreichen Standardbücher von *F. Eichler* (Bauphysikalische Entwurfslehre, Band 1, Berlin; Verlag für Bauwesen 1968, 182 S.) und von *F. Eichler* u. *I. Pohnert* (Bauphysikalische Entwurfslehre, Band 1: Berechnungsgrundlagen des Wärme- und Feuchtigkeitsschutzes. 1975, 252 S.) angesehen werden. Diesen gegenüber zeichnet sich das hier vorliegende Werk mit seinen 474 S. und 871 Darstellungen durch eine wertvolle Baumaterialienbezogenheit, die Vorstellung und die Durchrechnung baukonstruktiver Lösungen mit vielen interessanten und nützlichen Details sowie deren Diskussion unter den vielfältigen Bedingungen und energieökonomischen Gesichtspunkten aus.

Das Buch kann wegen seines grundsätzlichen Anliegens, der konstruktiven Anleitung, Beispielgebung und Schadensanalyse auf bautechnischem Gebiet, durch die Einbeziehung von langjährigen umfänglichen eigenen Erfahrungen der Autoren und solcher des gesamten deutschsprachigen Gebietes (der zeitliche Schwerpunkt der Literaturangaben liegt Ende der 70er Jahre und reicht bis 1981) einschließlich von Normungen und Standards und der vorzüglichen drucktechnischen Ausstattung als Standardwerk allen Bauingenieuren, Heizungs- und Lüftungsingenieuren, einschlägigen Ausbildungseinrichtungen, gesellschaftlichen und privaten Bauherren empfohlen werden, die an energieökonomischen Lösungen auf dem Gebiete des Bauens interessiert sind. *H. Baumbach*

Groundwater in Civil Engineering

L. Rethati. Budapest: Akadémiai Kiadó 1983, 478 S., div. Abb. und Tab., 297 Lit.; geb. Ft. 390,—; M 97,50

Das in der Reihe „Developments in Geotechnical Engineering" in Zusammenarbeit mit der Elsevier Scientific Publishing Company erschienene Buch von *Laszlo Rethati* stellt ein umfassendes Werk zur Problematik des Grundwassers im Bauwesen, speziell im Tiefbau, dar. Die Komplexität, mit der der Autor diese Thematik behandelt, weist auf eine unumgängliche Verflechtung verschiedener Wissenschaftsdisziplinen zur Lösung praktischer Probleme hin. Es wird eine Untergliederung in zwei Teile vorgenommen: 1. Theorie und Methodik, 2. Lösung praktischer Probleme anhand ausgewählter Beispiele. Der erste Teil ist recht ausführlich und reicht von der Herkunft des Grundwassers und seiner Klassifikation über die physikalische, chemische und biologische Charakterisierung von Grundwässern bis hin zu Vorgängen in der Atmosphäre und Verdunstungserscheinungen sowie deren Einfluß auf den Wasserhaushalt. Daß sowohl diesem Teil als auch den Anwendungsbeispielen nahezu gleicher Umfang eingeräumt wird, mag akzeptabel sein, trotzdem entspräche es wohl dem Anliegen dieser Reihe besser, den praktischen Problemen mehr Aufmerksamkeit zu schenken.

Der zweite Teil des Buches könnte für sich ein kleines Lehrbuch darstellen, in dem der Fachmann neben Grundsätzlichem (Probleme bei geologischen Aufschlußarbeiten, natürliche und künstliche Einflußgrößen auf das Grundwasserregime) eine Vielzahl von praktischen Beispielen erläutert findet, die bis hin zur Neigungsberechnung des schiefen Turmes von Pisa reichen.

Dem Fachmann auf dem Gebiet des praktischen Isotopeneinsatzes wird dieses Buch nichts Neues vermitteln können. Neben allgemein bekannten und global gültigen Aussagen zur Isotopenverteilung, erfährt der Leser, daß es radioaktive und stabile Isotope gibt, die als Tracer einsetzbar sind; insgesamt werden diesem Thema zwei Seiten eingeräumt (S. 48 und 390). Diese Tatsache weist direkt auf den großen Mangel an Aktualität hin: Ein 1983 erschienenes Fachbuch sollte die wachsenden Möglichkeiten dieser modernen Methodik stärker berücksichtigen.

Aber nicht nur die Angaben zu Isotopenmethoden befinden sich nicht auf dem neuesten Stand: So werden beispielsweise zur Kapillarität Zitate aus den Jahren 1894, 1924, 1933 und 1952 angeführt; mit Ausnahme zweier eigener Aufsätze stammt die Literatur aus den Jahren 1925—1974, davon datieren 87% vor 1970.

Gesamteindruck: „Groundwater in Civil Engineering" ist ein umfassendes und grundlegendes Buch, mit dem es gut gelungen ist, eine Verbindung zwischen Bauwesen und den Wissenschaftsdisziplinen Hydraulik, Bodenkunde, Hydrogeologie und Hydrochemie zu schaffen. Der Personenkreis, der mit diesem Werk arbeiten muß, hätte sich aber sicher einen aktuelleren Bearbeitungsstand gewünscht.

R.-P. Scholz

Distributed Systems Architecture and Implementation

D. W. Davies, E. Holler, E. D. Jensen, S. R. Kimbleton, B. W. Lampson, G. LeLann, K. J. Thurber, R. W. Watson. Hrsg.: B. W. Lampson, M. Paul, H. J. Siegert. Berlin — Heidelberg — New York: Springer 1983. XIII, 510 S.; soft cover DM 42,—; US $ 18.10

Die Forschungs- und Entwicklungsarbeiten auf dem Gebiet der Architektur und Anwendung verteilter Rechnersysteme bestimmen heute in zunehmendem Maße die Arbeitsrichtungen vieler technischer und wissenschaftlicher Einrichtungen in den entwickelten kapitalistischen Ländern. Einige experimentelle Systeme dieser Art befinden sich in der industriellen Erprobung oder werden bereits praktisch angewendet. Die Gründe für diese Entwicklungsrichtung der elektronischen Datenverarbeitung liegen in den rapiden Fortschritten auf dem Gebiet der Mikroelektronik, welche es gestattet, die Zahl der Komponenten pro integrierte Schaltung um den Faktor 10 alle zwei Jahre zu vergrößern. In naher Zukunft wird es möglich sein, den zentralen Prozessor einer großen Rechenanlage in einer integrierten Schaltung unterzubringen. Gleichzeitig beobachten wir eine schnelle Kostenreduktion, bezogen auf die CPU-Operationen, Speichern und Übertragen von Daten. Die steigenden Preis-Leistungs-Parameter solcher hochintegrierten Schaltungen, insbesondere die auf ihrer Grundlage aufgebauten Rechnersysteme, gestatten den Anwendern bereits heute, die Frage zu stellen, ob ihre Probleme mit Hilfe einer zentralen Großanlage oder mit dezentral aufgebautem Rechnersystem effektiver gelöst werden können. Der Bedarf an aufgabenangepaßten Systemen, individuellen Lösungen und autonom arbeitenden Rechnern in verschiedenen Bereichen der Volkswirtschaft wächst ständig und nimmt bereits heute einen wesentlichen Anteil des Marktes ein. Eine Reihe von Lösungen, insbesondere auf dem Gebiet der Rechnerkopplung, der Synchronisierung und des Datenaustausches auf elementaren Ebenen, wurde bereits theoretisch ausgearbeitet und steht im Prinzip zur Verfügung. Viele Bereiche der Technologie der verteilten Systeme, wie z. B. die Architektur, die Entwurfswahl, die Ressourcenverwaltung und die Testung der Systeme, warten noch auf ihre theoretische Beschreibung.

In dem vorliegenden Buch wird der Versuch unternommen, den vorhandenen Stand der Theorie der verteilten Systeme systematisiert darzustellen sowie einige Entwicklungsperspektiven der theoretischen und praktischen Arbeit auf diesem Gebiet aufzuzeichnen. Das Buch stellt im Prinzip eine monografische Zusammenfassung der Vorträge eines Lehrgangs dar, welcher in der Zeit vom 4. bis 13. März 1980 an der Technischen Universität München vom Institut für Informatik organisiert wurde. Die Finanzierung des Lehrgangs (Advanced Course) übernahmen gemeinsam das Ministerium für Forschung und Technologie der BRD und die zuständige Kommission der Europäischen Gemeinschaft. Als Lehrkräfte des Lehrgangs fungierten führende, international anerkannte Wissenschaftler des Gebietes, wie z. B. *R. W. Watson* (Lawrence Livermore Laboratory, University of California), *E. Holler* (Inst. für Datenverarbeitung, Kernforschungszentrum Karlsruhe), *P. Wang* (National Bureau of Standards), *B. W. Lampson* (Xerox Palo Alto), *K. J. Thurber* (Sperry Univac), *D. W. Davies* (Computing Technology Unit, National Physical Lab.) u. a.

Das Buch ist unterteilt in 20 Kapitel, in welchen der internationale Stand der Arbeiten auf dem Gebiet der verteilten Systeme, einige Schlußfolgerungen über die weitere Arbeit und mögliche Lösungen der bisher international noch nicht gelösten Probleme dargeboten werden. Es werden die Ausgangspunkte und Motivationen zur Entwicklung der verteilten Rechnersysteme charakterisiert, verschiedene Systemarchitekturen beschrieben sowie in einer Reihe von Kapiteln die einzelnen Elemente der verteilten Systeme (Kommunikation, Links, Hierarchie, Protokolle, Synchronisierung, Grundprozesse, Fehlerbehandlung, Hardware/Software-Beziehungen, Softwaresysteme u. a.) analysiert. Ein großer Vorteil des Buches besteht in der Verallgemeinerungsfähigkeit des dargebotenen Materials, in dem Verzicht auf die Darbietung spezieller Lösungen zugunsten eines hohen theoretischen Niveaus. Eine Vielzahl von Illustrationen, Schemata und grafischen Darstellungen erleichtert noch die Rezeption des Materials und bietet dem Leser eine sehr gute Grundlage für ein systematisches Studium des Gebietes.

L. Jankowski

Physiological Plant Ecology IV
Ecosystem Processes: Mineral Cycling, Productivity and Man's Influence

Editors: O. L. Lange, P. S. Nobel, O. B. Osmond, H. Ziegler, Berlin — Heidelberg — New York: Springer 1983; 61 Abb., 63 Tab., 644 S. (Encyclopedia of Plant Physiology, New Series Vol. 12 D); Leder geb. DM 290,— ; US $ 112.60

Der Forschungsgegenstand der Pflanzenökologie ist sehr komplexer Art. Örtliche und zeitliche Unterteilungen können einer besseren Darstellung und Ordnung dieser Vielfalt dienen. So können die Relaxationszeiten biologischer Prozesse, die in Sekunden ablaufen, der Biochemie zugeschrieben werden, während die in Tagen oder Jahren bemessenen Relaxationen offensichtlich zur Ökologie zu rechnen sind. Die örtliche Einteilung ist eng mit den Klimazonen (Ökotypen) unserer Erde verknüpft. Aber solange eine Wissensdisziplin sich noch nicht voll entfaltet hat, so lange haftet ihr ein interdisziplinärer Charakter an, und so partizipiert sie an dem Begriffsinventar von Nachbardisziplinen. Das ist kein grundsätzlicher Nachteil, aber die Vertreter der gestandenen Einzeldisziplinen werden mehr oder weniger ihren Blickwinkel darstellen und das auch wollen. Abgesehen von den vielen menschlichen Eingriffen in die natürlichen Ökosysteme können solche Darstellungen vom Konzept der Kreisläufe der Bioelemente oder vom Konzept der Produktivität angegangen werden — beides wurde im vorliegenden vierten und letzten Teilband der Pflanzenökologie versucht.

In 16 Abschnitten werden von 32 Wissenschaftlern die biologischen Prozeßabläufe und ihre vielseitigen Wechselbeziehungen abgehandelt, wobei die Kreisläufe der wichtigsten anorganischen Bioelemente in den terrestrischen und aquatischen Ökosystemen gesondert betrachtet werden. Die Biomasseproduktion in den großräumigen Biotopen bildet den Hauptteil der Darstellung, wobei insbesondere die aktive Mitwirkung des Menschen (Landwirtschaft, Biozide, Wachstumsregulatoren) als moderner Umweltfaktor deutlich gemacht wird. In gesonderten Abschnitten wird schließlich der Mensch als Bestandteil der Mitlebewelt des Pflanzenreiches explizit hervorgehoben: Pollutanten in Frischwasserreservoiren und in der Atmosphäre und der ökophysiologische Einfluß eines sich ändernden CO_2-Pegels in der Atmosphäre sind die Themen. Dabei wird kein Klagelied über die negativen Auswirkungen durch das Tun des Menschen angestimmt, sondern ein nüchterner Bericht über unseren Wissensstand gegeben: Das Umweltproblem wird wertfrei abgehandelt.

Einige Randbemerkungen: Globale Angaben (Raten, pools) unterliegen noch gewissen Korrekturen, so daß Tabellenwerte kritisch zusammengestellt werden sollten, um nicht den Eindruck einer Endgültigkeit zu erwecken. Noch werden die Elementkreisläufe (C, N, P, S, Si u. a.) getrennt voneinander abgehandelt; in jüngerer Zeit mehren sich Hinweise in der Literatur, wonach eine „synchrone" Umwandlung aller (oder der meisten) genannten Bioelemente angestrebt wird — es gibt eine Art biochemische Stöchiometrie (*Redfield*), die eine solche miteinander gekoppelte Umwandlung gestattet. Der Mensch entlädt auch einen Elemente-Strom an Ökosysteme, der für die Biosphäre vollkommen unbekannt ist und auf den sie sich in ihrer millionen- und milliardenjährigen Entwicklungsgeschichte nicht einstellen konnte — die Transurane und die langlebigen Radionuklide.

Welche Antwortfunktionen die Pflanzenökologie auf diese Belastungen bereithält, dürfte den Untersuchungen künftiger Jahre vorbehalten bleiben.

In diesem Teilband sind 3092 Literaturzitate aufgeführt, 46,2% entstammen den Jahren 1976—1983, das Maximum liegt mit 298 Zitaten im Jahr 1978, also eine überzeugend hohe Aktualität der bearbeiteten und genannten Literatur. So wird auch dieser Teilband seinen Platz in den langreihigen Handbuchserien finden und sich mit seiner Zuverlässigkeit nahtlos einordnen. Ein verdienstvolles Vorhaben wurde damit in einer ausgewogenen Harmonie aller Aspekte abgeschlossen. Der Band 12D enthält auch das Stichwortverzeichnis aller vier Teilbände zu diesem Themenkreis. *H. Hübner*

Compartmental Modeling and Tracer Kinetics

D. H. Anderson. Berlin — Heidelberg — New York — Tokyo: Springer 1983. 302 S., 40 Abb., 245 Lit. (Lecture Notes in Biomathematics, 50); kart. DM 44,—; approx. US $ 17.50

Das vorliegende Buch ist ein gewichtiger Beitrag zur Theorie der Compartmentmodellierung, einem wesentlichen Instrument zur Interpretation tracerkinetischer Untersuchungen insbesondere biologischer Vorgänge. Bislang war der „Jacquez" von 1972 der Standardtext für dieses Gebiet, und er wird es auch der Breite des behandelten Stoffes wegen bleiben. Die Monographie von *Anderson* stellt sich hingegen die Aufgabe, wichtige Entwicklungen der letzten 10—15 Jahre zu erfassen, dem Leser aktuelle Probleme der Compartmodellierung nahezubringen und einige Richtungen zukünftiger Forschung aufzuzeigen. Dies ist dem Verfasser sehr gut gelungen. Ebenso bemerkenswert ist, daß er auch eine Reihe älterer Untersuchungen in teilweise noch nirgends erreichter Ausführlichkeit zusammenfaßt.

Das Buch betont die mathematischen Aspekte der Compartmentmodellierung, vor allem der linearen Theorie. Der experimentelle Hintergrund ist zwar stets wesentlich, aber er wird nur umrissen; insofern liegt der Schwerpunkt der Darstellung mehr auf dem ersten Teil der Buchüberschrift. In beträchtlichem Umfang wird auf strukturelle Eigenschaften und auf Fragen der Stabilität kompartmentierter Systeme eingegangen. Ebenso ausführlich wird das inverse Problem in seinen drei Stufen behandelt: Modellspezifizierung (Bestimmung der Anzahl der Compartments und deren Verknüpfung), Untersuchung der strukturellen Identifizierbarkeit von Modellen (d. h. der prinzipiellen Bestimmbarkeit der Modellparameter) und die eigentliche Parameterschätzung. Ausführungen zur numerischen Simulation von Compartmentmodellen gehören dazu.

Eingestreut in den Text sind zahlreiche Übungsaufgaben, die zur Durcharbeitung des Stoffes wertvoll sind. Der Bereich der Mathematik wird überschritten, wenn Beispiele behandelt werden, insbesondere aus der medizinischen Forschung. Zwar wird auch hier die experimentelle Situation nur knapp behandelt, um so ausführlicher aber Fragen der Modellspezifizierung im konkreten Fall. Erfreulich und sehr instruktiv ist eine teilweise detaillierte Beschreibung der Nutzung von Ergebnissen für die klinische Diagnostik, vor allem bei Lebererkrankungen. Von den leider nicht sehr zahlreichen nichtbiologischen Beispielen sind Arbeiten zu ökologischen Fragen (Stoffkreisläufe) erwähnenswert.

Das sorgfältig abgefaßte Literaturverzeichnis enthält 245 Zitate. 43,6% davon stammen aus den Jahren seit 1976 (mit einem Maximum 1979 von 13,5%), was die Aktualität des Textes unterstreicht. Bemerkenswert sind andererseits zahlreiche Literaturangaben aus den sechziger Jahren, was die Tatsache beleuchtet, daß wesentliche Resultate zur Theorie der Compartmentmodellierung bereits vor 20 Jahren gewonnen wurden.

Ein Text von 300 Seiten, der streckenweise sehr ins Detail geht, muß notgedrungen Lücken aufweisen. Wesentliche nennt der Autor selbst: So fehlen Ausführungen zu linearen zeitabhängigen, zu nichtlinearen und zu stochastischen Modellen. Eine weitere ist durch den im Buch verwendeten Begriff „Compartment" gegeben. Ein Compartment wird definiert als „an amount of material which acts kinetically in a homogeneous distinct way". Läßt man eine verallgemeinerte Begriffsbestimmung zu, gemäß der nicht notwendigerweise das kinetische Verhalten diejenige Eigenschaft ist, bezüglich der die Elemente eines Compartments gleichwertig sein sollen, so erweitern sich auch die Möglichkeiten einer Compartmentmodellierung, und natürlich ergibt sich auch eine Fülle neuer mathematischer Probleme.

Das Buch verlangt solide mathematische Kenntnisse. Es sei all denen empfohlen, die diese Voraussetzung mitbringen und die an einer gründlichen Analyse tracerkinetischer Experimente in Biologie und Medizin interessiert sind. *E. Winkler*

Synergetik — Eine Einführung
Nichtgleichgewichts-Phasenübergänge und Selbstorganisation in Physik, Chemie und Biologie

H. Haken, übersetzt aus dem Englischen von A. Wunderlin. 2. Auflage. Berlin — Heidelberg — New York — Tokyo: Springer 1983, 386 S., 159 Abb., 308 Lit.; geb., DM 75,—; US $ 29.80

Der Autor zeigt in der vorliegenden Einführung in die Synergetik — ein Gebiet, das er selbst maßgeblich mitbegründet hat —, daß bei einer Vielzahl verschiedenster Systeme nach denselben grundlegenden Prinzipien wohlorganisierte räumliche, zeitliche oder raumzeitliche Strukturen aus ungeordneten Zuständen heraus spontan — selbstorganisiert — entstehen, und beschreibt Nichtgleichgewichts-Phasenübergänge und Selbstorganisation in Physik, Chemie und Biologie. Die Synergetik untersucht die Kooperation vieler Untersysteme (z. B. Atome, Moleküle, Photonen (Lichtquanten), Zellen, Pflanzen, Tiere, Menschen) eines Gesamtsystems und erklärt, daß sie und wie sie — unabhängig von der Natur der Untersysteme — durch dieselben Prinzipien bestimmt wird. Die Synergetik schafft somit die Verbindung zwischen der Theorie dynamischer Systeme und der statistischen Physik. Im Rahmen der Zielstellung (Kap. 1) werden einige Beispiele für Ordnungs-Unordnungs-Vorgänge bzw. irreversible Prozesse fernab vom Gleichgewicht zusammengestellt und einige typische Erscheinungen diskutiert sowie die Anlage des Buches skizziert. In den Kapiteln 2 bis 5 wird das mathematisch-physikalische Handwerkszeug bereitgestellt und jeweils sofort an physikalischen Beispielen erläutert. Es werden die wichtigsten Begriffe der Wahrscheinlichkeitsrechnung eingeführt, kurz und prägnant die Denkweise der Informationstheorie dargestellt sowie stochastische und determinierte Prozesse untersucht und für spezielle Beispiele Begriffe wie Struktur, Stabilität, Instabilität und Bifurkation erläutert.

Das Kap. 6 trägt der Tatsache Rechnung, daß Zufall und Notwendigkeit in der Realität gemeinsam vorkommen, und stellt die *Langevin*-Gleichung und die *Fokker-Planck*-Gleichung sowie ihre Lösungen vor, um Phänomene mit fluktuierenden Kräften zu beschreiben.

Als zentrales Anliegen des Buches werden im Kap. 7 („Selbstorganisation") Probleme von Organisation und Selbstorganisation, ausgehend von der Begriffsbildung im täglichen Leben, mathematisch in der vorher erarbeiteten Begriffswelt formuliert und durch Mastergleichungen, *Fokker-Planck*-Gleichungen bzw. verallgemeinerte *Ginzburg-Landau*-Gleichungen für Nichtgleichgewichts-Phasenübergänge beschrieben. Im letzten Drittel des Buches (Kap. 8 bis 11) werden Beispiele für eine große Zahl von Systemen in Physik, Chemie, Biochemie, Biologie sowie Soziologie und Wirtschaftswissenschaften behandelt. Sie zeigen die weitgehende Analogie der Prozesse auf diesen Gebieten.

Von den physikalischen Vielteilchen-Systemen werden insbesondere Laser und kooperative Phänomene behandelt, weiter Instabilitäten in der Flüssigdynamik (*Bénard*- und *Taylor*-Problem) und Elastizitätstheorie vorgestellt. Zur Untersuchung chemischer und biochemischer Prozesse und der dabei möglicherweise entstehenden makroskopischen räumlichen, zeitlichen oder raumzeitlichen Muster werden für verschiedene Reaktionen deterministische oder stochastische Reaktionsgleichungen mit bzw. ohne Diffusion betrachtet. Als Anwendungen in der Biologie werden Fragen der Ökologie, Populationsdynamik sowie Evolution und Morphogenese vorgestellt. Schließlich werden im Rahmen der Soziologie und Wirtschaftswissenschaften stochastische und Ratengleichungsmodelle zur öffentlichen Meinungsbildung und Phasenübergänge in der Wirtschaft erörtert.

Der Autor hat nicht nur sein Ziel erreicht, ein Buch für Studenten der Physik, Chemie und Biologie zu schreiben und ihnen Methoden und Prinzipien der Synergetik nahezubringen, indem er klar und übersichtlich formuliert und mit vielen Beispielen und Aufgaben illustriert, sondern er gibt durch eine Reihe weiterführender Abschnitte und Literaturangaben auch für Fachleute viele interessante Details. Für weitergehende Studien steht dem Leser die Monographie des Autors „Advanced Synergetics" (Springer-Ser. Synergetics, Vol. 20. Berlin — Heidelberg — New York — Tokyo: Springer 1983) zur Verfügung.

Das vorliegende Buch ist bereits mit Grundkenntnissen über physikalisch-chemische bzw. biologische Systeme lesbar und auch für Leser interessant, die sich nur für Teilprobleme interessieren. Das dem Autor hervorragend gelungene Buch liegt mit dieser Ausgabe in guter und fachkundiger Übersetzung von *A. Wunderlin* vor und ist auch drucktechnisch klar und übersichtlich gestaltet.

R. Haberlandt

Physik der Selbstorganisation und Evolution

W. Ebeling, R. Feistel. Berlin: Akademieverlag 1982, 451 S., 257 Abb., 21 Tab., 585 Lit.; Leinen geb. M 58,—

Die Autoren unternehmen es, mit diesem Werk eine Brücke zwischen der Physik der Selbstorganisation — die sich nach der Arbeit von *Eigen* (Naturwiss. **58** (1971) 465) stürmisch entwickelt hat — und der Physik der Evolutionsprozesse — in ihren verschiedensten Phasen von der Evolution des Kosmos, des Sonnensystems, der Erde, der Lebewesen bis hin zur Evolution in der Gesellschaft — zu schlagen.

Mit Recht wird angenommen, daß physikalische Gesetzmäßigkeiten für jede Art von Evolution die Grundlage bilden, so daß die komplexen Prozesse in chemischen, biologischen, geologischen und sozialen Systemen so weit wie möglich auf kooperatives Wirken physikalischer Gesetze zurückführbar sind. Daher werden nach einer Einleitung die physikalischen Grundlagen zur Behandlung thermodynamischer Systeme (Kap. 2, 40 S.), irreversibler Prozesse (Kap. 3, 14 S.) und dynamischer Systeme (Kap. 4, 33 S.) zusammengestellt. Der Leser wird so in eleganter, leicht verständlicher und doch exakter Weise mit der Vielfalt der Methoden bekannt gemacht, die in den folgenden Kapiteln (5 bis 9; 123 S.) zur Behandlung der grundlegenden Phänomene von Selbstreproduktion, Multistabilität, Selektion und Mutation verwendet werden. Hierbei wird der zweite wichtige Ausgangspunkt — die Analogie der vielfältigen betrachteten Evolutionsprozesse — deutlich gemacht und an vielen Beispielen aus Naturwissenschaft und Gesellschaft demonstriert.

Die folgenden beiden Kapitel beschäftigen sich mit Fragen der Information, ihrer Verarbeitung, Speicherung und ihrer Bedeutung für genetische Fragen (Kap. 10, 37 S.) sowie mit Evolutionskriterien und nichtlinearen irreversiblen Prozessen (Kap. 11, 12 S.). Zum Abschluß wenden sich die Autoren der faszinierenden Frage der Entstehung des Lebens zu (Kap. 12, 59 S.), wobei sie einleitend einen kurzen geschichtlichen Überblick bis hin zu *Eigen* geben. In Veränderung der *Eigen*schen Annahme von den Hyperzyklen unterteilen die Autoren den hypothetischen Ablauf des Geschehens in drei Epochen der Evolution: die chemische Evolution (Beginn vor 4 bis 5 Milliarden Jahren, Synthese von Kohlenwasserstoffen, Vulkanismus, Polymerisation), die Selbstorganisation der Biopolymeren (bessere Systeme durch Selbstreproduktion, Mutation und Selektion, Dauer höchstens 1 Milliarde Jahre) und schließlich die *Darwin*sche Evolution (Entstehung der Vielzahl der Lebewesen vor 3 bis 3 1/2 Milliarden Jahren) und untersuchen anschließend verschiedene Perioden in der Epoche der Selbstorganisation der Biopolymeren, beginnend mit der physikalisch-chemischen Selbstorganisation über Bildung einer molekularen Sprache und ihrer Weiterentwicklung (Codierung), über zelluläre Organisation bis hin zu einer morphogenetischen Periode, an die sich die *Darwin*sche Evolution anschließt.

Das Schlußkapitel stellt damit einen interessanten Versuch einer Synthese zahlreicher Hypothesen zur Entstehung des Lebens aus physikalischer Sicht dar. Abschließend wird auf möglichen künftigen technischen Nutzen der Optimierung technischer Systeme (Laser, Wachstum von Kristallen und metallischen Fäden, komplexe elektrische Netzwerke, komplizierte Computerprogramme) durch Evolutionsstrategien hingewiesen.

Den Autoren ist es gelungen, das von ihnen vorgelegte — und zum Teil mit erarbeitete — umfangreiche Material klar und übersichtlich darzustellen, so daß dem Buch ein breiter Kreis von Interessenten aus verschiedenen naturwissenschaftlichen Disziplinen sicher ist. Die Darstellung des Buches ist so angelegt, daß schon das Lesen einzelner Abschnitte ein Gewinn ist.

R. Haberlandt

ISOTOPENPRAXIS

Band 21 1985 Heft 2

Contents

Inhalt

►Language of Publication ►Publikationssprache

Isotopenpraxis is indexed in Current Contents/PC & ES, Science Citation Index, and INIS Atomindex

Kolibri 360 GmbH
Ferdinand-Jühlke-Straße 7
99095 Erfurt, Deutschland
produktsicherheit@kolibri360.de